幽梦影

中华优美随笔

【清】张潮◎著　韩中华◎译评

北京理工大学出版社
BEIJING INSTITUTE OF TECHNOLOGY PRESS

图书在版编目（CIP）数据

幽梦影 / (清) 张潮著；韩中华译评. — 北京：北京理工大学出版社，2017.1（2023.2重印）
（中华优美随笔）
ISBN 978-7-5682-3393-4

Ⅰ. ①幽… Ⅱ. ①张… ②韩… Ⅲ. ①人生哲学—中国—清代②《幽梦影》—译文 Ⅳ. ①B825

中国版本图书馆CIP数据核字(2016)第284878号

出版发行 / 北京理工大学出版社有限责任公司
社　　址 / 北京市海淀区中关村南大街 5 号
邮　　编 / 100081
电　　话 / （010）68914775（总编室）
（010）82562903（教材售后服务热线）
（010）68948351（其他图书服务热线）
网　　址 / http: //www.bitpress.com.cn
经　　销 / 全国各地新华书店
印　　刷 / 三河市嵩川印刷有限公司
开　　本 / 889 毫米 × 1194 毫米　1/32
印　　张 / 11.75
字　　数 / 261千字
版　　次 / 2017 年 1 月第 1 版　2023 年 2 月第 2 次印刷
定　　价 / 68.00元

责任编辑 / 申玉琴
文案编辑 / 申玉琴
责任校对 / 周瑞红
责任印制 / 边心超

前言

张潮（1650—？），字山来，号心斋居士，新安（今安徽歙县，古称徽州）人，出身名家，为家中次子。据清人汪士铉《新都风雅》等资料记载，张氏家族乃书香门第、诗书世家，其父张习孔“工诗文，有声于时”，曾任刑部郎中、山东督学佥事。后来，张习孔辞官归隐，潜心于书，著作颇丰，并与当时的著名文学家周亮工、诗人施闰章等人相交甚密。由此，张潮自幼就深受家庭文化的影响，读书刻苦，从少年起便学习四书、五经，十五岁时，所著文章即深受人们的褒奖。

不过，由于在文学上主张创新，对禁锢人思想的八股文和科举制度非常不满，致使张潮的仕途非常坎坷，最终仅仅以岁贡生的身份担任过翰林院孔目一类的九品职官。举业不顺，生活中的坎坷、挫折和磨难也是不可胜数。但这并没有影响张潮的才情和文学创作的热情，他一生著作等身，包括《幽梦影》《虞初新志》《花影词》《心斋聊复集》《奚囊寸锦》《心斋诗集》《饮中八仙令》《鹿葱花馆诗钞》等。其中，文言短篇小说集《虞初新志》更是被认为对《聊斋志异》的创作产生了极大的推动作用。

此外，张潮还是清代著名的刻书家，曾刻印《檀几从书》《昭代从书》（山帙、水帙、花帙、鸟帙、鱼帙、酒帙、书帙、御帙、数帙）等。而且，张潮一生好游历，喜交友，与清初名士孔尚任、陈维嵩、冒辟疆等人皆有交游。但是，康熙三十八年（1699），张潮当半百之年，受一事的牵连，锒铛入狱，精神上蒙受巨大的打击和羞辱，从此再无新作问世，而晚年事迹已不可考。

《幽梦影》前后历经十五年，大约于康熙三十七年（1698）前方才完稿，可以说，这部作品凝结了作者极大的心血。而这部笔记随感小品集收录了作者本人的格言、箴言、哲言、韵语、警句等共计219则，以清丽明快的文笔、精辟独到的议论、深蕴丰富的思想独树一帜，一反模拟效仿的陈辞滥调，“所发者皆未发之论，所言者皆难言之情”，在当时知识分子中产生了强烈反响和共鸣。

《幽梦影》涉及的内容十分丰富，诸如对琴棋书画、诗词雅章的体会，对山光水色、花鸟虫鱼、风云雨露的赞美，对儒、释、道的理解，对世俗人情的讥讽，涵盖了关于修身养性、为人处世、风花雪月、山水园林、读书论文、世态人情等方方面面的内容，而这些内容虽然看似信笔拈来，但其中无不凝结着作者独到的人生见解，或给人以警醒，或让人回味，或令人耳目一新，或使人增长见闻，可谓是字字珠玑、句句锦绣，既反映了作者对美好事物的向往，也鞭挞了社会现实的黑暗。在这里，作者尽情地抒发了自己对人生、自然的体验和感受，一字一句中都蕴含了发人深省的良苦用心。

当然，《幽梦影》也有一定的局限性，在个别的内容上，也暴露出了一系列的问题，比如在他的作品中，有个别文字不时流露出

封建伦理道德观念和赏风弄月、脱离百姓疾苦的不良世风，甚至有个别的观点带有明显的错误倾向。

不过，瑕不掩瑜，《幽梦影》中暴露出来的问题很大程度上是历史的局限性造成的，这些问题显然并不足以降低《幽梦影》的欣赏价值。毕竟，《幽梦影》在当时得到了120余位大学者和艺术家的赞赏和评点，影响极大，意义深远。而透过《幽梦影》，我们即能窥见中产阶级知识分子的品位、中国文人的生活态度，透过作者的文笔，我们也能够感受到琐碎的生活竟也是如此的不凡。

最后，由于本书语言简洁，意蕴深刻，加之时间仓促和编者的才识所限，纰缪错讹之处在所难免，敬请方家不吝赐教。

目 录
Contents

序　一

余穷经读史之余，好览稗官小说[1]，自唐以来不下数百种。不但可以备考遗志，亦可以增长意识[2]。如游名山大川者，必探断崖绝壑；玩乔松古柏者，必采秀草幽花，使耳目一新，襟情[3]怡宕。此非头巾[4]褦襶[5]、章句腐儒之所知也。故余于咏诗撰文之暇，笔录古轶事、今新闻，自少至老，杂著数十种。如《说史》《说诗》《党鉴》《盈鉴》《东山谈苑》《汗青余语》《砚林》《不妄语述》《茶史补》《四莲花斋杂录》《曼翁漫录》《禅林漫录》《读史浮白集》《古今书字辨讹》《秋雪丛谈》《金陵野抄》之类，虽未雕版问世，而友人借抄，几遍东南诸郡，直可傲子云[6]而睨君山[7]矣！

天都[8]张仲子心斋，家积缥缃[9]，胸罗星宿[10]，笔花缭绕，墨沈淋漓。其所著述，与余旗鼓相当，争奇斗富，如孙伯符[11]与太史子义[12]相遇于神亭；又如石崇[13]、王恺[14]击碎珊瑚时也。其《幽梦影》一书，尤多格言妙论，言人之所不能言，道人之所未经道。展味低徊，似餐帝浆沆瀣[15]，听钧天之广乐[16]，不知此身在下方尘世矣。至如："律己宜带秋气，处世宜带春气"，"婢可以当奴，奴不可以当婢"，"无损于世谓之善人，有害于世谓之恶人"，"寻乐境乃学仙，避苦境乃学佛”。超超玄箸[17]，绝胜支许[18]，清谈人当镂心铭腑[19]，岂止佩韦[20]书绅[21]而已哉！

鬘持老人余怀广霞制

注释

① 稗官小说：即野史小说，街谈巷说之言。

② 意识：见识。

③ 襟情：襟怀，情怀。

④ 头巾：代指迂腐不通的读书人。

⑤ 褦襶：愚蠢无能，不懂事。

⑥ 子云：扬雄（前53—18），字子云，蜀郡成都（今属四川）人。西汉文学家、哲学家、语言学家。著有《甘泉赋》《长杨赋》等名篇。晚年研究哲学，仿《论语》和《易经》作《法言》和《太玄》。

⑦ 君山：桓谭，字君山，东汉初沛国相人。好音律，善鼓琴，博学多才，遍习五经，能文章，尤好古学。数从刘歆、扬雄辨析疑异，喜抨击俗儒。著《新论》，早佚。今存《形神》篇，以烛火喻形神，认为精神不能脱离形体而独立存在，形灭神亡，生长死亡乃自然规律。

⑧ 天都：安徽歙县黄山最高峰天都峰，此代指歙县。

⑨ 缥缃：指书卷。缥，淡青色；缃，浅黄色。古时常用淡青、浅黄色的丝帛作书囊书衣，因以指代书卷。

⑩ 星宿：此喻文采。

⑪ 孙伯符：即孙策。字伯符，东汉末吴郡富春人，孙坚子。

⑫ 太史子义：即太史慈。字子义，三国吴东莱黄人。善射，弦不虚发。

⑬ 石崇：字季伦，小名齐奴，西晋渤海南皮人。石苞子。以劫掠远使商客致富，于河阳置金谷别馆。性奢靡，尝与贵戚王恺斗富，晋武帝虽助恺，每不敌。

⑭ 王恺：字君夫，西晋东海郯县人。王肃子，司马昭妻弟。少有才力而无检行，性豪侈，尝与石崇斗富，行事无所顾忌。卒谥丑。

⑮ 沆瀣：夜间的水气，露水。旧谓仙人所饮，引申指珍贵的饮料。

⑯ 钧天广乐：《史记·赵世家》："赵简子疾，五日不知人……居二日半，简子寤。语大夫曰：'我之帝所甚乐，与百神游于钧天，广乐九奏万舞，不类三代之乐，其声动人心。'"后因以"钧天广乐"指天上的音乐，仙乐。

⑰ 超超玄箸：谓言辞高妙，不同凡俗。南朝宋·刘义庆《世说新语·言语》："我（王衍）与王安丰说延陵、子房，亦超超玄箸。"

⑱ 支、许：东晋高僧支遁（字道林）和名士许询，两人皆以谈玄著称。

⑲ 镂心铭肺：谓铭记于心。

⑳ 佩韦：韦皮性柔韧，性急者佩之以自警戒。《韩非子·观行》："西门豹之性急，故佩韦以自缓；董安于之性缓，故佩弦以自急。"

㉑ 书绅：把要牢记的话写在绅带上。后亦指牢记他人的话。语本《论语·卫灵公》：“子张书诸绅。”

译文

我遍读经传史书的余暇，喜好野史小说，自唐代以来的不下数百种。读这些书不但可以考证缺漏的记载，也可以增长见识。就像游历名山大河的人，一定要探索悬崖峭壁，赏玩高松古柏的人，一定会采集奇花异草，这样能够使自己耳目一新，胸怀愉悦开阔。这样的道理不是那些无能迂腐的读书人能够知道的。因此我在吟诗写文的余暇，会记录下古代的轶事、现在的新闻，从少年到老年，我庞杂的著作有数十种。如《说史》《说诗》《党鉴》《盈鉴》《东山谈苑》《汗青余语》《砚林》《不妄语述》《茶史补》《四莲花斋杂录》《曼翁漫录》《禅林漫录》《读史浮白集》《古今书字辨讹》《秋雪丛谈》《金陵野抄》这样的著作，虽然没有出版问世，但朋友借阅传抄，几乎传遍东南各郡，真可以笑傲扬雄、桓谭了。

安徽歙县的张潮，家富藏书，满腹文采，笔走龙蛇，酣畅淋漓。他的著述，和我旗鼓相当，争奇斗富，就像三国时的孙策与太史慈在神亭相遇的场景，又像东晋的石崇、王恺击碎珊瑚夸奢斗富时一样。他的《幽梦影》一书，尤其有许多格言妙论，言别人所不能言的，说别人所不曾说的。体味流连时就像在吃神仙所食的琼浆玉液一样，又像听仙乐，都不知道自己是身处在人间的了。至于像“律己宜带秋气，处世宜带春气”“婢可以当奴，奴不可以当婢”“无损于世谓之善人，有害于世谓之恶人”“寻乐境乃学仙，避苦境乃学佛”，言辞高妙的地方，绝对胜过东晋的支遁、许询的清谈。人们应当把他的话铭记在心上，岂止是记载绅带上啊！

鬘持老人余怀广霞制

序　二

心斋著书满家，皆含经咀史，自出机杼[①]，卓然可传。是编是其一脔[②]片羽[③]，然三才[④]之理，万物之情，古今人事之变，皆在是矣。

顾题之以梦且影云者，吾闻海外有国焉，夜长而昼短，以昼之所为为幻，以梦之所遇为真。又闻人有恶其影而欲逃之者。然则梦也者，乃其所以为觉；影也者，乃其所以为形也耶。

庾辞谵语[⑤]，言无罪而闻足戒，是则心斋所为尽心焉者也。读是编也，其亦可以闻破梦之钟，而就阴以息影也夫！

江东同学弟孙致弥题

注释

① 自出机杼：比喻作文章能创造出一种新的风格和体裁。《魏书·祖莹传》：“文章须自出机杼，成一家风骨。”

② 一脔：尝鼎一脔的省写。语本《吕氏春秋·察今》：“尝一脟肉而知一镬之味、一鼎之调。”尝尝鼎里一片肉的味道，可以知

道整个鼎里的肉味。比喻根据部分可推知全体。

③ 片羽：吉光片羽的省写，神兽吉光身上的一片毛。比喻残存的艺术珍品。

④ 三才：天、地、人。《易·说卦》：“是以立天之道曰阴与阳，立地之道曰柔与刚，立人之道曰仁与义。兼三才而两之，故《易》六画而成卦。”

⑤ 庚辞谜语：指谜语。

译 文

张潮著述颇多，皆是体味经传史书、独出心裁、优秀而可以传至后世的作品。这本书是他诸多著述中的一鳞半爪，然而“天、地、人”三才的道理、万物的情实、古今人事的变迁，都体现在这本书里了。书名中有“梦”字和“影”字，我听闻海外有一国家，夜长昼短，他们就以白天所做的为幻觉，以梦中所遇到的为现实。我又听说有一个害怕自己的影子而要逃脱它的人。这样的话，梦就是他以为觉醒的原因了，影就是他以为真实的原因了吧？谜语隐语，言者无罪，闻者足戒，这就是张潮所尽心尽力的地方吧。读这本书也可以像听到破梦的钟声，到阴影下隐藏自己的身影了！

江东同学弟孙致弥题

序 三

张心斋先生，家自黄山，才奔陆海[①]。柟榴赋[②]就，锦月投怀[③]；芍药[④]辞成，繁花作馔。苏子瞻十三楼外[⑤]，景物犹然；杜牧之廿四桥头[⑥]，流风仍在。静能见性，洵哉人我不间[⑦]而喜嗔不形！弱仅胜衣，或者清虚[⑧]日来而滓秽[⑨]日去。怜才惜玉，心是灵犀[⑩]；绣腹锦胸，身同丹凤[⑪]。花间选句，尽来珠玉之音；月下题词，已满珊瑚之笥。岂如兰台[⑫]作赋，仅别东西；漆园[⑬]著书，徒分内外而已哉！

然而繁文艳语，止才子余能；而卓识奇思，诚词人本色。若夫舒性情而为著述，缘阅历以作篇章，清如梵室之钟，令人猛省，响若尼山之铎[⑭]，别有深思。则《幽梦影》一书，余诚不能已于手舞足蹈、心旷神怡也！其云“益人谓善，害物谓恶”，咸仿佛乎外王内圣[⑮]之言；又谓“律己宜秋，处世宜春”，亦陶镕[⑯]乎诚意正心[⑰]之旨。他如片花寸草，均有会心[⑱]；遥水近山，不遗玄想。息机[⑲]物外[⑳]，古人之糟粕不论；信手拈时，造化之精微入悟。湖山乘兴，尽可投囊；风月维谭，兼供挥麈。金绳觉路，宏开入梦之毫；宝筏迷津，直度广长之舌。[㉑]以风流为道学，寓教化于诙谐。为色为空，知犹有这个在；如梦如影，且应作如是观。

湖上晦村学人石庞序

注 释

① 陆海：南朝梁锺嵘对晋代文学家陆机有“陆才如海”之赞

语。见《诗品》卷上。后以“陆海”比喻富于文采。

② 枏榴赋：三国时广陵张纮（字子纲）作《枏榴枕赋》，陈琳在北方见到此赋，大为推崇，拿给别人看说：“此吾乡里张子纲所作也。”

③ 锦月投怀：即日月入怀的别称，形容神容俊秀清朗。南朝宋刘义庆《世说新语·容止》：“时人目夏侯太初朗朗如日月之入怀。”

④ 芍药：《诗·郑风·溱洧》：“维士与女，伊其相谑，赠之以勺药。”勺药即“芍药”。后因以“芍药”表示男女爱慕之情，或指文学中言情之作。

⑤ 十三楼外：宋代杭州名胜。宋苏轼《南歌子·游赏》词：“山与歌眉敛，波同醉眼流。游人都上十三楼，不羡竹西歌吹，古扬州。菰黍连昌歜，琼彝倒玉舟。谁家水调唱歌头，声绕碧山飞去，晚云留。”亦称“十三间楼”。

⑥ 廿四桥头：故址在江苏扬州。唐杜牧《寄扬州韩绰判官》诗：“二十四桥明月夜，玉人何处教吹箫？”

⑦ 间：嫌隙，隔阂。

⑧ 清虚：清洁虚空。

⑨ 滓秽：污浊。

⑩ 灵犀：旧说犀角中有白纹如线直通两头，感应灵敏。因用以比喻两心相通。唐·李商隐《无题》诗之一：“身无彩凤双飞翼，心有灵犀一点通。”

⑪ 丹凤：原指头和翅膀上的羽毛为红色的凤鸟，这里用来比喻文采斐然。

⑫ 兰台：班固（32—92），汉明帝时任兰台令，故世称班兰台。东汉史学家、文学家。

⑬ 漆园著书：即庄子。庄子作宋国漆园吏，故称。

⑭ 尼山之铎：尼山，孔子出生之地，代指“孔子”。《论语·八佾》有“天将以夫子为木铎”句，意为“上天是要以孔子为引导民众的木铎”。

⑮ 外王内圣：古代修身为政的最高理想。谓内备圣人之至德，施之于外，则为王者之政。

⑯ 陶镕：熏陶浸染。

⑰ 诚意正心：儒家提倡的一种道德修养，谓使心术正，意念诚。语出《礼记·大学》：“欲正其心者，先诚其意；欲诚其意者，先致其知；致知在格物。”

⑱ 会心：领悟；领会。

⑲ 息机：息灭机心。

⑳ 物外：世外，谓超脱于尘世之外。

㉑ “金绳”四句：佛经谓离垢国用以分别界限的金制绳索，借喻指引导人到达彼岸的神圣佛法。入梦之毫，相传南朝江淹梦人授以五色笔，其后文采俊发，后失其笔，文采大不如以前，遂有“江郎才尽”之说。广长之舌，指佛的舌头，据说佛舌广而长，可覆面上至发际。比喻能言善辩。

译 文

张心斋先生家住黄山，才华可以超过东晋的陆机。他的才华就像三国时的张纮作了《柟榴枕赋》后，就为乡人推许，如东晋的夏侯玄一样神容俊秀清朗；像《诗·郑风·溱洧》一样的词作写成，让人读后就像吃了用鲜花做的饭。苏轼笔下《南歌子·游赏》所描绘的景物还如昔日；杜牧诗中的二十四桥使这种流风遗韵还存于世间。静下心来便能见到事物的本性，真是人和我之间没有了嫌隙，喜怒的情绪就不会形成；柔弱的身体仅能承载起衣服的重量，这样或许就可以使清洁空虚的气质日渐到来，而污浊不堪的气质日益消去。心斋怜惜才子佳人，心就如灵犀一样心意相通；他的满腹才华，就如李商隐笔下的彩凤一样光彩照人。他在花团锦簇里选出来的辞句，都是如珠玉一样美妙的辞章；他月色掩映下选出的辞章，已经堆满了珊瑚书箱。岂能像班固作赋一样，只是区分出来了梗概，像庄子著述，徒然地分出了内外之别！

然而繁复的文华，绮艳的词语，只是一个才子的次要才能，而卓越的识见，奇特的思想，才真正是一个作家的本来面目。如果说抒发性情，创作著述，依据自己的阅历来作文章，清劲如寺庙中的钟声，让人猛然醒悟，响声如孔子比喻成的木铎，另有一种深思，那么《幽梦影》这本书，我岂止是手舞足蹈、心旷神怡呢！其中说道“益人谓善，害物谓恶”之类的话，都仿佛是儒家“内圣外王”的名言。又说：“律己宜秋，处世宜春”也是融汇了儒家“诚意正心”的本旨。其他一词一句如片花寸草，都是有所领悟的话。不管是远水还是近山，都能有不遗漏、超越凡俗的思考。消泯机心，超然物外，古人的糟粕不去论述，信手拈来时，大自然精微的奥秘却能够领悟到；乘兴遨游湖山，都可以像李贺一样把写成的诗稿放到囊中，清谈风月。也可挥舞拂尘，像离尘国的金绳，分界出觉悟的

道路，大开犹如江淹梦中五色笔所带来的神思颖悟，像为人指点迷津的佛法，辩才高妙。把风流气度转化成道学的形式，寓寄教化在诙谐幽默的言辞中。是“色”还是“空”，心中只知道“犹有这个在”；世间万物像梦也像影，应该像这样来看。

湖上晦村学人石庞序

序　四

记曰：“和顺积于中，英华发于外。”

凡文人之立言，皆英华之发于外者也。无不本乎中之积，而适与其人肖焉。是故其人贤者，其言雅；其人哲者，其言快；其人高者，其言爽；其人达者，其言旷；其人奇者，其言创；其人韵者，其言多情思。张子所云：“对渊博友如读异书，对风雅友如读名人诗文，对谨饬友如读圣贤经传，对滑稽[1]友如阅传奇小说。”正此意也。

彼在昔立言之人，到今传者，岂徒传其言哉！传其人而已矣。今举集中之言，有快若并州之剪，有爽若哀家之梨[2]，有雅若钧天之奏，有旷若空谷之音；创者则如新锦出机，多情则如游丝袅树。以为贤人可也，以为达人、奇人可也，以为哲人可也。譬之瀛洲之木，日中视之，一叶百形。

张子以一人而兼众妙，其殆瀛木之影欤？然则阅乎此一编，不啻[3]与张子晤对，罄彼我之怀！又奚俟梦中相寻，以致迷不知路，中道而返哉！

同学弟松溪王拜题

注释

① 滑稽：谓能言善辩，言辞流利。后指言语、动作或事态令人发笑。《史记·滑稽列传》：“淳于髡者，齐之赘婿也。长不满七尺，滑稽多辩。”

② 哀家之梨：相传汉秣陵哀仲家种梨，实大而味美，时人称为“哀家梨”。

③ 不啻：不仅，何止。

译文

礼记中说：“和顺的性情积累在心中，英气华美的气质展现在外表。”

凡是文人的著作，都是英气华美的气质发散在外表，没有不是以心中所累积的涵养为根本的，文章和人的品性相像。因此这个人贤明，他的文辞就优雅；这个人富有哲思，他的文辞就犀利；这个人高雅，他的言辞就明朗；这个人达观，他的言辞就旷达；这个人奇异，他的言辞就具有新意；这个人富有诗意，他的言辞就多情思。张潮所说的：“对渊博友如读异书，对风雅友如读名人诗文，对谨饬友如读圣贤经传，对滑稽友如阅传奇小说。”就是这个意思。

那些以前的创作者，难道传到今天的只是他们的言辞么！流传下来的是他们身上所富有的精神气韵而已。现在举出张潮集中的言辞，有锋利如并州的剪刀的，有爽利如哀家的梨子的，有高雅如仙乐的，有旷达如空谷足音的，有新意如新造出来的锦布的，有多情如游丝飘浮在树枝上的。把张潮看作是贤人、达人、奇人、哲人都可以。就像瀛洲的树木，如果通过太阳来看，一片叶子就有百种形貌，张潮先生一个人就兼备各种奇妙，难道他就是瀛洲之树的影子吗？

然而读这本书，胜过与张潮面对面，竭尽彼此的情怀！又何必等到梦中相互寻找，以至于迷惑不知出路，中途返回呢！

同学弟松溪王拜题

第一则

原 典

读经宜冬，其神专也；读史宜夏，其时久也；读诸子宜秋，其致别也；读诸集[①]宜春，其机畅也。

原 评

曹秋岳曰：可想见其南面百城[②]时。

庞笔奴曰：读《幽梦影》则春、夏、秋、冬，无时不宜。

注 释

① 诸集：经、史、子、集为我国传统图书的四大部类。

② 南面百城：谓居王侯之高位而拥有广大的土地，这里指藏书丰富。《魏书·逸士传·李谧》：“丈夫拥书万卷，何假南面百城？”

译文

诵读经部的书宜在冬天，此时神思专注；读史书宜在夏天，此时白天长久；读诸子类的书宜在秋天，此时韵致特别；读集部的书宜在春天，此时生机畅达。

评析

冬天万物肃杀，人们为避严寒多在室内，神思较之其他季节更加专注，适宜读哲理意味比较强的经书。夏日炎炎，白天时间很长，为暑热所困，人往往神思疲乏，不宜神思，而这时来读故事性强的史书恰恰能消暑解乏。秋天天晴云淡，空气爽朗，宜于思辨，读诸子百家类的书可谓雅韵悠长，自然是上上之选。而春天万物复苏，春情骀荡之际，集部中的诗词曲赋能够宣泄积郁，导引性情。

第二则

原典

经传宜独坐读，史鉴[①]宜与友共读。

原评

孙恺似[②]曰：深得此中真趣，固难为不知者道。

王景州曰：如无好友，即红友[③]亦可。

注 释

① 史鉴：中国古代历史著作的统称。史即《史记》，鉴即《资治通鉴》。

② 孙恺似：即孙致弥，恺似为其字。

③ 红友：酒的别称。

译 文

儒家经典及传注适合一个人静静地坐下来独自领悟，而历史著作适合和朋友一起共同探讨。

评 析

经传精妙深微，需要细细揣摩，结合自身实际情况灵活变通，才能得其精髓，所以要坐得住冷板凳，慢慢地仔细领悟。这是个人修为，他人领悟替代不了。即使别人的解读有可能启发自己，终究比不上自己咀嚼领悟出来的真滋味。

读史则是为了鉴今，可以开阔眼界，增长见闻，可以用他人的经验弥补自身实践的不足，可以从历史人物和事件中获得教益。然而历史因史官叙述角度和立场的问题，或因直笔曲笔和取舍的不同，使本来客观的人事风云打上了时代和史官价值观、历史观的烙印。同一史实，可以因各人的见闻学识和立场观点不一，得出大相径庭的结论。因而史书记载允许读者见仁见智。与友共读探讨，既能相互切磋，在交流中彼此启发，又可以避免因个人阅历和视角局限而误解、误读了丰富繁杂的历史。

况且，在读书中与友分享心得，比之“车马，轻裘与朋友共”，更是一件美事。既能增进了解，识别区分朋友，也能加深友谊，平添读书乐趣。

第三则

原 典

无善无恶是圣人，善多恶少是贤者，善少恶多是庸人，有恶无善是小人，有善无恶是仙佛。

原 评

黄九烟曰：今人“一介①不与”者甚多，普天之下皆半边圣人也。“利之不庸”者亦复不少。

江含徵曰：先恶后善，是回头人，先善后恶，是两截人②。

殷日戒曰：貌善而心恶者，是奸人，亦当分别。

冒青若曰：昔人云：“善可为而不可为。”唐解元诗云：“善亦懒为何况恶！”当于有无多少中更进一层。

注 释

① 一介：指微小的事物。

② 两截人：前后不一之人。旧题明李贽《史纲评要·宋纪·哲宗》：“哲宗竟如两截人：绍圣以前，贤君也；绍圣以后何如主，

不忍言矣。”

译文

没做过善事也没做过恶事的是圣人，善的行为多、恶的行为少的是贤人，善的行为少而恶的行为多的是庸人，只有恶的行为没有善的行为的是小人，只有善的行为没有恶的行为的是仙佛。

评析

人性是有差别的，而在这则文字中，作者就以做善事和做恶事为标准，把人划分成了几大类。其中，圣人能够混同自然，委运任化，达到如孔子所言的“从心所欲，不逾矩”的境界。

除了圣人之外，还有贤人、庸人、小人、仙佛。贤人为善由己，日去其恶，日新其德，逐渐向更高的境界进发；庸人则只知道利己，先己后人，恶多善少；小人就更不堪了，他们为人自私，不肯给别人一丝好处，毫不利人，专门利己，是那种“拔一毛而利天下不为也”的人；仙人佛陀则只闪烁着“善”的光辉，而没有恶的秉性。这是最理想的人。

当然，还有那些知恩不知报的人、前后不一的人、伪善奸诈的人、为做善事而做善事的人、无论善恶都懒得去做的人。事实上，这样的人并不在少数。在尔虞我诈的社会中，有太多的人为了一己之私而不顾一切。

对此，我们要做的是见贤思齐，心存善念，虽达不到圣人和仙佛的境界，但也不能心存恶念，因为只要我们能够多一些善，少一些恶，多为别人着想，那么社会就会更加和谐，世界将会更加美好。

第四则

原典

天下有一人知己，可以不恨。不独人也，物亦有之。如菊以渊明[1]为知己，梅以和靖[2]为知己，竹以子猷[3]为知己，莲以濂溪[4]为知己，桃以避秦人[5]为知己，杏以董奉[6]为知己，石以米颠[7]为知己，荔枝以太真[8]为知己，茶以卢仝[9]、陆羽[10]为知己，香草以灵均[11]为知己，莼鲈以季鹰[12]为知己，蕉以怀素[13]为知己，瓜以邵平[14]为知己，鸡以处宗[15]为知己，鹅以右军[16]为知己，鼓以祢衡[17]为知己，琵琶以明妃[18]为知己。一与之订，千秋不移。若松之于秦始[19]，鹤之于卫懿[20]，正所谓不可与作缘者也。

原评

查二瞻曰：此非松、鹤有求于秦始、卫懿，不幸为其所近，欲避之而不能耳。

殷日戒曰：二君究非知松、鹤者，然亦无损其为松、鹤。

周星远曰：鹤于卫懿，犹当感思。至吕政五大夫之爵，直是唐突十八公耳。

王名友曰：松遇封，鹤乘轩，还是知己。世间尚有劚松煮鹤者，此又秦、卫之罪人也。

张竹坡曰：人中无知己，而下求于物，是物幸而人不幸矣。物不遇知己而滥用于人，是人快而物不快矣。可见知己之难，知其难方能知其乐。

注释

① 渊明：即陶渊明，一名潜，字元亮，浔阳柴桑（今江西九江）人，东晋文学家，私谥靖节。平生喜爱菊花，有“采菊东篱下，悠然见南山”的名句。

② 和靖：即林和靖。字君复，钱塘（今浙江杭州）人，北宋诗人。他一生未做官，长期隐居西湖孤山，赏梅养鹤，终身不婚娶。

③ 子猷：即王徽之。东晋琅琊临沂（今属山东）人，字子猷，王羲之之子。爱好竹子，寄居空宅中，便令种竹，说：“何可一日无此君。”

④ 濂溪：即周敦颐。北宋理学家，世称濂溪先生。喜好莲花，著有《爱莲说》。

⑤ 避秦人：陶渊明名篇《桃花源记》中虚构人物。

⑥ 董奉：中国汉代医学家。字君异，侯官（今福建闽侯）人。以精良的医术和高尚的医德修养著称于世，与华佗、张仲景齐名，被誉为“建安三神医”。隐居庐山，为人治病不取报酬，遇重病者，使栽杏五株，轻病者一株，如此数年，得十万余株，郁然成林。

⑦ 米颠：即米芾。字元章，号鹿门居士、海岳外史。宋代书画家、诗人。以善于赏石、画石闻名于世。

⑧ 太真：杨贵妃道号。爱食荔枝，杜牧有“一骑红尘妃子笑，无人知是荔枝来”句以讽其事。

⑨ 卢仝：号玉川子，范阳（今河北涿州）人，唐代诗人。有《走笔谢孟谏议寄新茶》一诗称：“一碗喉吻润，两碗破孤闷。三碗搜枯肠，唯有文字五千卷。四碗发轻汗，平生不平事，尽向毛孔

散。五碗肌骨清；六碗通仙灵。七碗吃不得也，唯觉两腋习习清风生。”后用以称颂饮茶的典故。

⑩ 陆羽：字鸿渐，唐竟陵（今湖北天门）人。隐居于苕溪，自称桑苎翁，拜太常寺太祝而不就。著有《茶经》三卷，言茶之原、法、具甚详，于是天下尚茶成风，后世遂以陆羽为茶神。

⑪ 灵均：指屈原。他以“香草美人”为喻，寄托哀思。

⑫ 季鹰：张翰，字季鹰，吴郡吴县（今江苏苏州）人，西晋文学家。永宁二年（302），一日，张翰见秋风起，想到故乡吴郡的菰菜、莼羹、鲈鱼脍，说：“人生贵得适志，何能羁宦数千里，以要名爵乎？”因此作歌曰：“秋风起兮佳景时，吴江水兮鲈正肥。三千里兮家未归，恨难得兮仰天悲。”于是弃官还乡，这就是成语“鲈脍莼羹”的典故。

⑬ 怀素：唐代僧人，长沙人，字藏真，俗姓钱。以善狂草出名，尝于故里广植芭蕉万余株，以蕉叶代纸练字，因名其所居曰“绿天庵”。

⑭ 邵平：即秦东陵侯。秦亡后，为布衣，种瓜长安城东青门外，瓜味甜美，时人谓之“东陵瓜”。

⑮ 处宗：即宋处宗。晋人宋处宗得一长鸣鸡，能作人语，处宗终日与之谈论，口才大进。

⑯ 右军：即王羲之。字逸少，会稽（今浙江绍兴）人，东晋书法家、文学家，平生喜爱鹅。

⑰ 祢衡：汉末辞赋家，少有才辩，性格刚毅傲慢，好侮慢权贵。后因冒犯江夏太守黄祖，被杀。

⑱ 明妃：即王昭君。名嫱，字昭君，西汉南郡秭归（今属

湖北）人，晋时避司马昭讳，改称明君。善弹琵琶，据传有《出塞曲》。

⑲ 松之于秦始：秦始皇封禅泰山，半路上遇到暴雨，在大松树下躲避，后来便封那棵松树为五大夫。

⑳ 卫懿：即卫懿公。春秋时卫国国君，名赤，卫惠公之子。淫乐奢侈，好鹤，鹤乘大夫所乘轩车。懿公九年，狄攻卫，公欲战。国人皆曰：鹤有禄位，可使鹤战。遂为狄人所杀，在位九年。

译 文

天下间有一个人是自己的知己，就可以没有遗憾了。不独人是这样，万物中也有这种情况。如菊花以陶渊明为知己，梅花以林和靖为知己，竹子以王徽之为知己，莲花以周敦颐为知己，桃树以避秦人为知己，杏树以董奉为知己，石头以米芾为知己，荔枝以杨贵妃为知己，茶以卢仝、陆羽为知己，香草以屈原为知己，莼菜、鲈鱼以张翰为知己，芭蕉以怀素为知己，瓜以邵平为知己，鸡以宋处宗为知己，鹅以王羲之为知己，琵琶以王昭君为知己。他们一旦成为知己，就千古不变。如果是松树与秦始皇，鹤与卫懿公，正是人们所说的不可与他们产生联系的情况。

评 析

古谚有云："物以类聚，人以群分"，人在短暂的一生中，能够交友投分，切磨箴规，得一知己，可以说不虚此生，所以自古以来的圣贤们都很看重可以与自己在心灵上对话的"知音"。世间万物与人之性情好恶两相契合，如菊花的淡雅与陶渊明的淡泊名利，梅花的清雅与林和靖的潇洒出尘，竹子的风雅与王徽之的风流韵致，莲花的静雅与周敦颐的简淡风韵等，都可谓达到了物尽所用、人尽其情、相得益彰、相映成辉的境界，人与物之间能在内在气质上获得相互沟通和感发，说他们是"知己"也不为过。

第五则

原 典

为月忧云，为书忧蠹[①]，为花忧风雨，为才子佳人忧命薄，真是菩萨心肠。

原 评

余淡心曰：洵[②]如君言，亦安有乐时耶！

孙松坪曰：所谓"君子有终身之忧"者耶！

黄交三曰："为才子、佳人忧命薄"一语，真令人泪湿青衫。

张竹坡曰：第四忧，恐命薄者消受不起。

江含徵曰：我读此书时，不免为蟹忧雾。

竹坡又曰：江子此言，直是为自己忧蟹耳。

尤悔庵曰：杞人忧天，嫠妇忧国，无乃类是。

注 释

① 蠹：蛀虫。

② 洵：诚然，实在。《诗·郑风·有女同车》：“彼美孟姜，洵美且都。”郑玄笺：“洵，信也。”

译 文

为明月会被云遮蔽住忧虑，为书会被蛀虫蛀蚀忧虑，为花会被风雨摧残忧虑，为才子佳人命运不好忧虑，这样的人真是菩萨心肠。

评 析

《文心雕龙》谓“人禀七情，应物斯感”，从根本上说人的“七情六欲”并不是客观的存在，它们总是表现在一定的客观事物上。人们看到月为云遮、书为虫蠹、花为风雨所摧、才子佳人命运不济，便心生爱怜，为之喜怒，是因为人面对这些外在的事物时并不只是做纯粹物理的观察，而是带着情感，把自己情感的影子投射在了它们身上，是用自己的人生经历在体味，就仿佛自己变成了令人心生怜意的对象，变成了为云所遮的月，为虫所蠹的书，为风雨所摧的花，为命运捉弄的才子佳人，这也就是我通常所说的“万物一体、天人合一”的境界了，必须具有一颗“菩萨心肠”才能有这样的体悟。

第六则

原典

花不可以无蝶，山不可以无泉，石不可以无苔，水不可以无藻，乔木不可以无藤萝，人不可以无癖[①]。

原评

黄石闾曰：“事到可传皆具癖”，正谓此耳。

孙松坪曰：和长舆却未许藉口[②]。

注释

① 癖：嗜好。《晋书·杜预传》：“预尝称济有马癖，峤有钱癖。”

② 藉口：借别人的话作为依据。

译文

花中不可以无蝴蝶，山中不可以无清泉，石头上不可以无青苔，水中不可以无水藻，乔木上不可以无藤萝，人不可以无嗜好。

评析

美的事物总是一个和谐的整体，就如花与蝶、山与泉、石与苔、水与藻、乔木与藤萝一样，一个整体中的两部分能够相互映发、相得益彰。其实，人也是如此，如果没有兴趣爱好，又怎么能体现自己不同于他人的个性呢？所以，作者在这段文字里阐述的观点是十分值得欣赏的，也是十分独到的。如果花中缺少了蝴蝶，山中缺少了清泉，石头上缺少了青苔，水中缺少了水藻，乔木上缺少了藤萝，人缺少了嗜好，那么就是一种缺憾，就不那么完满了，甚至会变得十分单调、乏味。

第七则

原典

春听鸟声，夏听蝉声，秋听虫声，冬听雪声。白昼听棋声，月下听箫声，山中听松风声，水际听欸乃[①]声。方不虚生此耳。若恶少斥辱，悍妻诟谇[②]，真不若耳聋也。

原评

黄仙裳曰：此诸种声颇易得，在人能领略耳。

朱菊山曰：山老所居，乃城市山林，故其言如此。若我辈日在广陵城市中，求一鸟声，不啻如凤凰之鸣，顾可易言耶？

释中洲曰：昔文殊选二十五位圆通，以普门耳根为第一。今心斋居士耳根不减普门。吾他日选圆通，自当以心斋为第一矣。

张竹坡曰：久客者，欲听儿辈读书声，了不可得。

张迂庵曰：可见对恶少、悍妻，尚不若日与禽虫周旋[③]也。又

曰：读此，方知先生耳聋之妙。

注 释

① 欸乃：象声词，摇橹声。

② 诟谇：一边骂，一边吐口水，以示侮辱。

③ 周旋：交往；交际、应酬。

译 文

春天听鸟叫声，夏天听蝉鸣声，秋天听虫叫声，冬天听下雪声；白天听下棋声，月下听箫声，山中听风吹松涛声，水上听摇橹声：才不算白白地活在这世上。如果听到品行低劣的少年呵斥辱骂，性情凶悍的妻子破口诟骂，真不如耳朵聋了的好。

评 析

春夏秋冬，四季的景物不同，月下，山中，水上，所处场景不同，审美的物象自然也随时随地变化。鸟声、蝉声、虫声、雪声、棋声、箫声、松涛声、摇橹声历来为文人雅士所偏爱，写诗撰文，绵延相续，历史文化积淀而成的便是相对固定的高雅的审美情趣。而“恶少斥辱，悍妻诟谇”的情景，不仅很难让人有美好的体验，也给人极无修养、言辞粗鄙的印象，文化素养极高的士大夫们自然宁可“耳聋”，也不愿听这样的声音了！

第八则

原 典

上元[1]须酌豪友，端午须酌丽友，七夕须酌韵友，中秋须酌淡友，重九[2]须酌逸友。

原 评

朱菊山曰：我于诸友中，当何属耶？

王武徵曰：君当在豪与韵之间耳。

王名友曰：维扬丽友多，豪友少，韵友更少。至于淡友、逸友，则削迹[3]矣。

张竹坡曰：诸友易得，发心[4]酌之者为难能耳。

顾天石曰：除夕须酌不得意之友。

徐砚谷曰：惟我则无时不可酌耳。

尤谨庸曰：上元酌灯，端午酌彩丝，七夕酌双星，中秋酌月，重九酌菊，则吾友俱备矣。

注 释

① 上元：农历正月十五日，即元宵节。

② 重九：指农历九月初九日，又称重阳。

③ 削迹：消踪匿迹，指隐居。《庄子·山木》："削迹捐势，不为功名。"

④ 发心：动念。

译 文

上元节要和豪爽的朋友对饮，端午节要和俊美的朋友对饮，七夕节要和有韵致的朋友对饮，中秋节要和淡雅的朋友对饮，重阳节要和闲逸的朋友对饮。

评 析

节庆中饮酒作乐是必不可少的，然而基于不同的历史文化渊源，节庆也产生了多种多样的形式，上元赏灯、端午食粽、七夕乞巧、中秋赏月、重九赏菊，对于不同的节日庆祝形式，中国古代士大夫阶层也逐渐形成了比较固定的审美取向，所谓豪友、丽友、韵友、淡友、逸友，正是因相应的节日给人或豪壮或淡逸的审美体味，才会有所区别。

第九则

原 典

鳞虫中金鱼，羽虫中紫燕[①]，可云物类神仙。正如东方曼倩[②]避世金马门，人不得而害之。

原评

江含徵曰：金鱼之所以免汤镬[3]者，以其色胜而味苦耳。昔人有以重价觅奇特者以馈邑侯[4]，邑侯他日谓之日：“贤所赠花鱼，殊无味。”盖已烹之矣。世岂少削圆方竹杖者哉！

注释

① 紫燕：也称越燕，体形小而多声，颔下紫色，营巢于门楣之上，分布于江南。

② 东方曼倩：东方朔，字曼倩，平原厌次（今山东惠民）人，西汉文学家。武帝时为太中大夫。性格诙谐滑稽，善辞赋，名篇有《答客难》。

③ 汤镬：煮着滚水的大锅。古代常作刑具，用来烹煮罪人。

④ 邑侯：县令。

译文

鳞甲类动物中的金鱼，鸟类中的紫燕，可以说是物种里的神仙。就像避开世间是非的东方朔，别人不能伤害到他。

评析

金鱼以其耀目的外观而成为人的赏玩之物，而燕子身形俊美，筑巢于人家，两者都能远避天敌，与人和谐相处，与能够以金马门待诏的身份避祸存身的东方朔，可谓其道相通！

第一〇则

原典

入世须学东方曼倩，出世须学佛印了元①。

原评

江含徵曰：武帝高明喜杀，而曼倩能免于死者，亦全赖吃了长生酒耳。

殷日戒曰：曼倩诗有云："依隐②玩世，诡时不逢。"此其所以免死也。

石天外曰：入得世，然后出得世。入世出世，打成一片，方有得心应手处。

注释

① 佛印了元：宋僧，名了元，字觉老，与苏轼、黄庭坚相友善，能诗。哲宗元符元年（1098）圆寂。

② 依隐：对政事既有所近，又无为如隐，谓依违于政事和隐居之间。

译 文

入世要学习东方朔，出世要学习佛印了元。

评 析

对于崇尚“学而优则仕”的古人，入世做官是能够立身当世、建功立业的不二途径，然而人下为官，也许一言不慎，即生杀身之祸，所以自古为官者多临深履薄，谨慎处世。汉武大帝刚愎自用，性疑善杀，被屠戮残害的大臣武将众多，而东方朔却能以滑稽幽默的形象出入朝堂，以迂回的方式觐见，而终能全身而退，可谓为官者中的一个典型了。

而佛印了元出家为僧，世外之人，本是混迹江湖、吃斋念佛的修行者，却能够与苏轼、黄庭坚等当世文豪往来唱和，留下文坛佳话，虽出世，却不离尘，这也正是中国古代出世者的一贯作风。

第一一则

原 典

赏花宜对佳人，醉月宜对韵人，映雪[①]宜对高人。

原 评

余淡心曰：花即佳人，月即韵人，雪即高人。既已赏花、醉

月、映雪，即与对佳人、韵人、高人无异也。

江含徵曰：若对此君仍大嚼②，世间那有扬州鹤③！

张竹坡曰：聚花、月、雪于一时，合佳、韵、高为一人，吾当不赏而心醉矣。

注释

① 映雪：原指晋人孙康因家贫，无钱购置灯烛，映雪读书的故事，这里指赏雪。

② “若对此君”句：典出苏轼《于潜僧绿筠轩》中“无肉令人瘦，无竹令人俗”句。意谓若对着竹子，又大口吃肉，世间岂有两全其美的事情。此君，指竹子。

③ 扬州鹤：南朝宋殷芸《小说》载，有几个人各言其志，或愿为扬州刺史，或愿多资财，或愿骑鹤为仙。其中一人希望“腰缠十万贯，骑鹤上扬州”，想把这些梦想兼而有之。后以“扬州鹤”指代称心如意之事。

译文

赏花应与佳人作伴，月下醉酒应与有韵致的朋友作伴，赏雪应与高雅的人作伴。

评析

美具有先天的主观统一性。当我们看到一件我们自以为很美的事物或一个场景时，我们会主观地认为别人如置身此境，一样也会觉得很美，我们会情不自禁地把自己所感受到的美的震撼传递给他人。花配佳人、月配韵人、雪配高人的美，不仅在于两者之间内在气韵上的契合，更在于这种美可以在两者之间自由不羁地获得交流和传递。当这种交流无碍时，我们就会获得更大的审美快感。

第一二则

原 典

对渊博友，如读异书；对风雅友，如读名人诗文；对谨饬[1]友，如读圣贤经传；对滑稽[2]友，如阅传奇小说。

原 评

李圣许曰：读这几种书，亦如对这几种友。

张竹坡曰：善于读书、取友之言。

注 释

① 谨饬：谨慎。《汉书·元后传》："谭等虽与臣至亲，行皆奢僭，无以率导百姓，不如御史大夫音谨敕，臣敢以死保之。"颜师古注："敕，整也。"

② 滑稽：谓能言善辩，言辞流利。后指言语、动作或事态令人发笑。《史记·滑稽列传》："淳于髡者，齐之赘婿也。长不满七

尺，滑稽多辩。”司马贞索隐：“按：滑，乱也；稽，同也。言辩捷之人，言非若是，说是若非，言能乱异同也。”

译文

与学识渊博的朋友在一起，如同读奇书；与风流儒雅的朋友在一起，如同读名人的诗文；与谨慎自饬的朋友在一起，如同读圣贤的经传；与风趣幽默的朋友在一起，如同读传奇小说。

评析

和博学多闻的人交往，往往如读一本奇书，能得到许多不见闻于常人的冷知识。孔子就很注重结识这样的朋友，在《论语》中，他不止一次说过“无友不如己者”的话，并把淹通博识的朋友归于“益友”中。而风流儒雅的朋友相匹配于名人诗文，谨慎严正的朋友相匹配于圣贤经传，诙谐幽默的朋友相匹配于传奇小说。人与书之间在内在气韵上的相通，正如孟子所说：“读其书而不知其人，可乎？”

读一本好书就像面对一个知心的老友，不同的书就像不同的朋友，都具有独特的个性。而和不同的人交往，能够让我们更深刻地认识丰富的世界。

第一三则

原 典

楷书须如文人，草书须如名将，行书介乎二者之间，如羊叔子①缓带轻裘②，正是佳处。

原 评

程韡老曰：心斋不工书法，乃解作此语耶！

张竹坡曰：所以羲之必做右将军。

注 释

① 羊叔子：即羊祜，字叔子，泰山南城（今山东费县）人，司马师妻弟，西晋散文家，博学能属文。

② 缓带轻裘：宽松的衣带，轻暖的皮衣，形容从容儒雅的风度。

译 文

楷书应如文人的气质，草书应如名将的气质，行书介于两者之间，如晋代羊祜缓带轻裘的气质，正是佳妙的地方。

评 析

楷书的特点是方正平整，正如文人的动静以道、举止以礼。草书的特点是狂放不羁，正如名将用兵，不拘一格，进退行止，因时制宜。

而行书既有楷书的工整规范，又兼具草书的放逸潇洒，正像魏晋名士羊祜，缓带轻裘，儒雅从容。

第一四则

原 典

人须求可入诗，物须求可入画。

原 评

龚半千曰：物之不可入画者，猪也、阿堵物也、恶少年也。

张竹坡曰：诗亦求可见得人，画亦求可像个物。

石天外曰：人须求可入画，物须求可入诗，亦妙。

译 文

人要追求可入诗的气质，物要追求可入画的气质。

评 析

“人须求可入诗”，就是要求人有诗的特质，即自由。而“物须求可入画”，就是要求物有画的特质，即丰富。

远离世俗的隐士、浪迹江湖的侠客、四处漂泊的游子都可入诗，他们远离了生活的喧嚣，获得了某种诗意，可以吟咏于口，笔之于书，而又生机勃勃。而石之丑、山之峭、水之淼，让人看到了不一样的世界，获得了生命的延伸。

第一五则

原 典

少年人须有老成[1]之识见，老成人须有少年之襟怀[2]。

原 评

江含徵曰：今之钟鸣漏尽[3]、白发盈头者，若多收几斛麦，便欲置侧室，岂非有少年襟怀耶？独是少年老成者少耳。

张竹坡曰：十七八岁便有妾，亦居然少年老成。

李若金曰：老而腐板[4]，定非豪杰。

王司直曰：如此方不使岁月弄人。

注 释

① 老成：老年人。

② 襟怀：胸怀，气度。

③ 钟鸣漏尽：比喻衰残暮年。

④ 腐板：古板。

译 文

少年人要有老年人练达持重的识见，老年人要有少年人的胸怀气度。

评 析

少年和老年是人生的不同阶段。少年人活泼而有生命力，老年人持重而有丰富的内涵，理想的境界是二者能够取长补短。少年人在旺盛的生命力下能多些理性的智慧，而不至于一味莽撞意气，老年人在理智的光辉中能多些生命的灵动，而不至于迂腐保守，如真能如此，则可无大过。

第一六则

原 典

春者，天之本怀[①]；秋者，天之别调[②]。

原 评

石天外曰：此是透彻性命关头③语。

袁江中曰：得春气者，人之本怀；得秋气者，人之别调。

尤悔庵曰：夏者，天之客气④；冬者，天之素风⑤。

陆云士曰：和神当春，清节为秋，天在人中矣。

注 释

① 本怀：本来的心愿。

② 别调：另一种风味。

③ 关头：起决定作用的时机或转折点，此犹言关键。

④ 客气：古代用以说明气候变化的术语，与主气相对。主气指每年各个季节固定的气候变化，客气则指气候的具体变化。

⑤ 素风：意谓平素的作风。

译 文

春天是大自然本来的情怀；秋天是大自然的另一种情调。

评 析

春天生机勃发，万物复苏，是芸芸众生展露生命力的时刻，这本是自然生生不息、大化流衍的常态。而秋天草木摇落，万物萧条，生命的轮回似乎走到了终点，但其实以豁达乐观的态度来看，秋天的这种万物衰败的景象只不过是大自然的“别调”。

第一七则

原 典

昔人云："若无花月美人，不愿生此世界。"予益[1]一语云："若无翰墨棋酒，不必定作人身。"

原 评

殷日戒曰：枉为人身，生在世界者，急宜猛省[2]。

顾天石曰：海外诸国，决无翰、墨、棋、酒，即有，亦不与吾同，一般[3]有人，何也?

胡会来曰：若无豪杰、文人，亦不须要此世界。

注 释

① 益：增加。

② 猛省：猛然觉悟，忽然明白过来。

③ 一般：一样，同样。

译 文

古人说："如果没有花、月、美人，就不愿生活在这世界上。"我增加了一句："如果没有笔、墨、棋、酒，就没有必要做人。"

评 析

风花雪月、才子佳人，是传统中国文人的美好追求、精神栖居的梦境。琴棋书画、笔墨纸砚如果只是他们借以陶醉、借以立世的凭依，他们沉醉其中，而不问世事的疾苦、人世的是非，逃避本该坚守的责任和立场，这样的追求就只能变成他们精神上的避难所、麻木自我的鸦片烟。

第一八则

原 典

愿在木而为樗[1]（不才，终其天年），愿在草而为蓍[2]（前知），愿在鸟而为鸥[3]（忘机），愿在兽而为廌[4]（触邪），愿在虫而为蝶（花间栩栩），愿在鱼而为鲲[5]（逍遥游）。

原 评

吴薗次曰：较之《闲情》一赋，所愿更自不同。

郑破水曰：我愿生生世世为顽石[6]。

尤悔庵曰：第一大愿。又曰：愿在人而为梦。

尤慧珠曰：我亦有大愿，愿在梦而为影。

弟木山曰：前四愿皆是相反。盖“前知”则必多“才”，“忘

机”则不能“触邪”也。

注释

① 樗：即臭椿。苦木科，落叶乔木。抗旱性较强，耐烟尘，生长快，为工矿区较合适的绿化树之一。其材粗硬，不耐水湿，可供胶合板、建筑、造纸用，根皮可入药。《庄子·逍遥游》：“惠子曰：‘吾有大树，人谓之樗。其大本拥肿而不中绳墨，其小枝卷曲而不中规矩。立之涂，匠者不顾。’”喻才能低下，多用作自谦之词。

② 蓍：多年生草木植物，一本多茎，可入药。我国古代常用它的茎占卜。

③ 鸥：《列子·黄帝》：“海上之人有好沤鸟者，每旦之海上，从沤鸟游，沤鸟之至者百住而不止。其父曰：‘吾闻沤鸟皆从汝游，汝取来，吾玩之。’明日之海上，沤鸟舞而不下也。”指人无巧诈之心，异类也与之亲近。后以“鸥鹭忘机”比喻淡泊隐居，不以世事为怀。

④ 廌：传说中能辨是非曲直的神兽，同“獬豸”。

⑤ 鲲：古代传说中的大鱼。《庄子·逍遥游》：“北冥有鱼，其名为鲲；鲲之大，不知其几千里也。”

⑥ 顽石：未经斧凿的石块，坚石。

译文

愿做树中的臭椿（虽不成材，却能寿享天年），愿做草中的蓍草（可预知未来），愿做鸟中的鸥鸟（没有机心），愿做走兽中的獬豸（能辨明是非），愿做飞虫中的蝴蝶（能在花间优游翱翔），愿做鱼中的鲲鹏（能逍遥游荡天地）。

评 析

中国古代文人受道家思想的影响，体现在他们的人生观、世界观、审美观等各方面，甚至他们对于一事一物的看法。《庄子》中的不材而保其天年的臭椿、逍遥游的鲲、翩翩起舞的梦蝶，《列子》中忘机的鸥鸟，这些都是不自觉地就落入了道家思想物象的臼窠，这是他们时代的局限。道家消极避世，性法天然，追求无尽的精神自由，作为一种人生境界的追求，在中国的历史上对美化人生、诗意世界的建构起到了一定作用，而它忽视人生的苦难、现实的是非，封闭于自我精神的陶醉中，使人失去对于社会、人生的担当，在另一层面上是一种思想上的钳制和囚禁。

第一九则

原 典

黄九烟先生云："古今人必有其偶双，千古而无偶者，其惟盘古乎！"予谓："盘古亦未尝无偶，但我辈不及见耳。其人为谁？即此劫尽时，最后一人是也。"

原评

孙松坪曰：如此眼光，何啻[①]出牛背[②]上耶！

洪秋士曰：偶亦不必定是两人，有三人为偶者，有四人为偶者，有五、六、七、八人为偶者，是又不可不知。

注释

① 何啻：犹何止，岂止。

② 牛背：《晋书·列传》：“尝因宴集，为族人所怒，举樏掷其面。衍初无言，引王导共载而去。然心不能平，在车中揽镜自照，谓导曰：‘尔看吾目光乃在牛背上矣。’”

译文

黄九烟先生说：“从古到今的人一定是成双成对的，不是成双成对的大概只有盘古一人了！”我说：“盘古也不是没有与他匹配的人，只是我们这些人不曾看见罢了。这个人是谁呢？那就是劫难后剩下的最后一个人。”

评析

盘古开天辟地，旷古一人，论者奇思妙想，欲找一人与之匹配，而拈出“劫尽时最后一人”，最初一人与最后一人，两相匹配，让人叫绝。

第二〇则

原典

古人以冬为三余[1]，予谓当以夏为三余：晨起者，夜之余；夜坐者，昼之余；午睡者，应酬人事之余。古人诗云“我爱夏日长”，洵不诬[2]也。

原评

张竹坡曰：眼前问冬夏皆有余者，能几人乎？

张迂庵曰：此当是先生辛未年以前语。

注释

① 三余：泛指空闲时间。

② 诬：虚假；虚妄。

译文

古人称冬天为“三余”之一，我认为应把夏天称为“三余”：对于晨起者，夜晚是余暇；对于熬夜的人，白天是余暇，对于午睡者，应酬各种人情来往之后是余暇。于是古人有诗说“我爱夏日长”，的确不虚妄。

评 析

古人刻苦勤奋，惜时如金，留下许多佳话，诸如“头悬梁，锥刺股”“囊萤映雪”“马上厕上坐上”，都是我们后人学习的典范。此则论者提出“夏为三余”，夏天白昼变长，黑夜变短，充分利用一切能支配的时间，足以体现古人的勤奋。

第二一则

原 典

庄周梦为蝴蝶，庄周之幸也；蝴蝶梦为庄周，蝴蝶之不幸也。

原 评

黄九烟曰：惟庄周乃能梦为蝴蝶，惟蝴蝶乃能梦为庄周耳。若世之扰扰红尘者，其能有此等梦乎！

孙恺似曰：君于梦之中又占其梦耶！

江含徵曰：周之喜梦为蝴蝶者，以其入花深也。若梦甫[①]酣而乍醒，则又如嗜酒者梦赴席而为妻惊醒，不得不痛加诟谇矣。

张竹坡曰：我何不幸而为蝴蝶之梦者？

注 释

① 甫：方才；刚刚。

译 文

庄周做梦化为蝴蝶，这是庄周的幸运；蝴蝶做梦化作庄周，这是蝴蝶的不幸。

评 析

“庄周梦蝶”的故事出自《庄子·齐物论》，说庄子做了一个梦，梦见自己变成一只翩翩起舞的蝴蝶，自由自在，醒来后发现自己依然是庄周，就搞不清楚是自己做梦变成了蝴蝶，还是蝴蝶做梦变成了自己。《庄子》一书通过这个寓言旨在说明通过主观精神的作用，可以消除事物之间的区别，使万物一体、古今一辙，而由此获得绝对的逍遥游的境界，即游于万物之间的绝对自由的精神状态。但这也只能是梦境一场而已，在现实的世界中是不可能发生的。

第二二则

原 典

艺花可以邀蝶，累石可以邀云，栽松可以邀风，贮水可以邀萍，筑台可以邀月，种蕉可以邀雨，植柳可以邀蝉。

原评

曹秋岳曰：藏书可以邀友。

崔莲峰曰：酿酒可以邀我。

尤艮斋曰：安得此贤主人？

尤慧珠曰：贤主人非心斋而谁乎？

倪永清曰：选诗可以邀谤。

陆云士曰：积德可以邀天，力耕可以邀地，乃无意相邀。而若邀之者，与邀名邀利者迥异。

庞天池曰：不仁可以邀富。

译文

栽花可以邀来蝴蝶，堆石可以邀来白云，植松可以邀来清风，积水可以邀来浮萍，建筑高台可以邀来明月，栽种芭蕉可以邀来雨声，种植柳树可以邀来蝉鸣。

评析

士大夫阶层审美文化心理的形成，是历史的结果，是千百年来文化精英们的审美实践积淀下来的结果。古代文人的诗词曲赋的创作，使得相对固化的审美物象得以凝结，而成为有一定结构和文化内涵的标记，如游子思乡、文人感伤、落拓江湖等情怀，及至花蝶、云石、松风、水萍、月台、蕉雨、柳蝉的固定的套路和范式，它们共同形成了知识阶层的审美品位。

第二三则

原典

景有言之极幽而实萧索[1]者，烟雨也；境有言之极雅而实难堪者，贫病也；声有言之极韵而实粗鄙者，卖花声也。

原评

谢海翁曰：物有言之极俗而实可爱者，阿堵物也。

张竹坡曰：我幸得极雅之境。

注释

① 萧索：萧条冷落；凄凉。

译文

景物有说起来极其幽雅，而实际上却十分萧条的，那就是烟雨；境况有说起来极其雅致，而实际上却十分难堪的，那就是贫苦和疾病；声音有说起来十分有韵味，而实际上却十分粗俗的，那是卖花人的叫卖声。

评析

瑞士著名心理学家布洛的“审美距离说”，对我们理解本则所作的思考大有裨益。他说：“我们只有隔着一定的距离才能看到美，距离本身能美化一切。”而他所说“距离”既不是空间距离，也不

是时间距离，而是心理距离，即指审美主体（人）与对象在实用性、具体性方面的一种心理间隔。心理距离使主体摆脱现实的利害和欲望，而着重于对象形象的观赏。这样，物我关系即由实用的转变为审美的。

他举了一个很形象的例子来说明这个道理：在大雾弥漫的海上航行着一艘帆船，如果我们不是在船上，而是在某个山崖的阁楼上的人，看到乳白色的雾氤氲在海面上，在阳光下闪烁着光辉，帆船静静地漂浮在海面，此情此景，我们一定会感觉到它很美。但如果我们是帆船上的人，就无暇去觉察美的所在了，我们在意的是帆船有可能会撞上暗礁，我们会很焦虑地祈祷不要发生这样可怕的事，在这种情况下，恐怕就算周围的景色再美，也没有心情欣赏了。

同样的道理，对于“烟雨”“贫病”“卖花声”，作为旁观者很容易摆脱开现实的利害关系，付之于诗意的表达，沉浸在“南朝四百八十寺，多少楼台烟雨中”“小楼一夜听春雨，深巷明朝卖杏花”这样诗意的意境里，自然是雅趣盎然的。反过来，如果自己就是那个贫病交加的人，身处烟雨朦胧之境，急等着卖花的钱去解决一家老小的生计问题，恐怕就只剩下萧索、难堪了吧！

第二四则

原 典

才子而富贵，定从福、慧双修得来。

原 评

冒青若曰：才子富贵难兼。若能运用富贵，才是才子，才是福、慧双修。世岂无才子而富贵者乎？徒自贪著，无济于人，仍是有福无慧。

陈鹤山曰：释氏云：修福不修慧，像身挂璎珞；修慧不修福，罗汉供应薄。正以其难兼耳。山翁发为此论，直是夫子自道[①]。

江含徵曰：宁可拼一副菜园肚皮，不可有一副酒肉面孔。

注 释

① 夫子自道：指本意说别人而事实上却正说着了自己。

译 文

既是才子又富有高贵，一定是从福气和智慧的兼修中得来的。

评 析

自古文人都比较清贫，“学而优则仕”是古代读书人的唯一出路，一旦名落孙山，便陷在困厄中无法自拔。

究其原因，一是传统教育只是在私塾中熟读四书五经而已，没有

任何可以在社会上立足的技艺，一旦读书做官的道路走不通，自然就拙于生计，无法立足社会。二是传统社会士、农、工、商分界的封闭性，使得读书人在社会层级的转换上变得艰难，传统文人也很难放下作为“风雅人”的面皮和架子，像孔乙己，虽是唯一穿长衫而站着喝酒的人，却还抱着“君子固穷”的古训，不肯放下架子。

第二五则

原典

新月恨其易沉，缺月恨其迟上。

原评

孔东塘曰：我唯以月之迟早为睡之迟早耳。

孙松坪曰：第勿使浮云点缀，尘滓太清[①]，足矣。

冒青若曰：天道忌盈。沉与迟，请君勿恨。

张竹坡曰：易沉、迟上，可以卜君子之进退。

注释

① 太清：指天空。

译 文

初升的新月让人遗憾的是落得早，月末的残月让人遗憾的是升起得晚。

评 析

睹月怀人，见月伤心，阴晴圆缺，悲欢离合，人世的升沉变迁，借天上的月亮而寄托感怀，月亮被赋予这么多的隐喻和意义，没有哪种文化能像中国做到如此极致了。中国的文人对于月亮有着一种无法割舍的牵绊，月亮就像自己的一面镜子，看着月亮就好像是在看着自己，它是夜晚无人处自己的心灵慰藉，它给黑暗以一种温情的面纱，使夜不再可怖，而变得朦胧优美。

第二六则

原 典

躬耕吾所不能学，灌园[1]而已矣；樵薪吾所不能学，薙草[2]而已矣。

原 评

汪扶晨曰：不为老农，而为老圃，可云半个樊迟[3]。

释菌人曰：以灌园、薙草自任，自待可谓不薄。然笔端隐隐有

"非其种者，锄而去之"之意。

王司直曰：予自名为识字农夫，得无④妄甚！

注 释

① 灌园：浇灌园圃。

② 薙草：除草。

③ 樊迟：语本《论语·子路》："樊迟请学稼，子曰：'吾不如老农。'请学为圃，曰：'吾不如老圃。'"

④ 得无：能不；岂不；莫非。

译 文

亲自耕田是我所不能的，只是学学浇灌园圃而已；砍柴是我所不能的，只是学学除草而已。

评 析

"四体不勤，五谷不分"，古代能够读书的人大多是有产阶层的子弟，他们自幼衣食无忧，不必关心柴米油盐这些琐事，而只知道吟风弄月、子曰诗云、高尚其事罢了。像陶渊明那样躬耕陇亩的，寥寥无几。他们与真正的农业生产始终是保持着一定的距离的，即使从事农业生产也是不能超过“雅”的界限的，所谓的“灌园”“薙草”也不过是随心情偶一为之，作为生活的点缀、吃饱喝足后的消遣。如果真正让他们去“躬耕”“樵薪”，他们就只会露出自己本来的面目，说上两句“吾所不能”“吾所不能”了。

第二七则

原典

一恨书囊易蛀，二恨夏夜有蚊，三恨月台[①]易漏，四恨菊叶多焦，五恨松多大蚁，六恨竹多落叶，七恨桂荷易谢，八恨薜萝[②]藏虺[③]，九恨架花生刺，十恨河豚[④]多毒。

原评

江药庵曰：黄山松并无大蚁，可以不恨。

张竹坡曰：安得诸恨物尽有黄山乎！

石天外曰：予另有二恨：一曰才人无行[⑤]，二曰佳人薄命。

注释

① 月台：赏月的露天平台。

② 薜萝：薜荔和女萝的合称，薜荔是藤本植物，女萝是地衣类植物，它们都是攀援乔木而生长的，古代常常连用，如屈原《九

歌·山鬼》：“若有人兮山之阿，被薜荔兮带女萝。”

③ 虺：古称蝮蛇一类的毒蛇。通常指土虺蛇，色如泥土。

④ 河豚：鱼名。体圆筒形，口小，肉味鲜美，肝脏、生殖腺及血液有剧毒，经处理后可食用。我国沿海和某些内河有出产。

⑤ 无行：没有善行，品行不端。

译文

第一遗憾的是书袋子容易被虫蛀，第二遗憾的是夏天夜晚有蚊子，第三遗憾的是赏月的时光过得太快，第四遗憾的是菊花叶多焦枯，第五遗憾的是松树上多大蚂蚁，第六遗憾的是竹子多落叶，第七遗憾的是桂花、荷花容易凋谢，第八遗憾的是薜荔、女萝中会藏有毒蛇，第九遗憾的是架上的花生刺，第十遗憾的是河豚多有剧毒。

评析

世间不如意事常八九，凡事岂能尽如人意？像“书囊易蛀，夏夜有蚊，月台易漏，菊叶多焦，松多大蚁，竹多落叶，桂荷易谢，薜萝藏虺，架花生刺，河豚多毒”这样的事本是自然之理，如果因为自己的主观欲求得不到满足，就“恨”之，恐怕这世间无事不有“恨”了！由此可见古代文人只求完美而流于空虚幻梦的一面。

第二八则

原 典

楼上看山，城头看雪，灯前看月，舟中看霞，月下看美人，另是一番情境。

原 评

江允凝曰：黄山看云，更佳。

倪永清曰：做官时看进士，分金处看文人。

毕右万曰：予每于雨后看柳，觉尘襟俱涤。

尤谨庸曰：山上看雪，雪中看花，花中看美人，亦可。

译 文

在楼上看山，在城头上看雪，在灯前看月亮，在舟中看晚霞，在月下看美人，又是另一种情境。

评 析

从不同的角度看同一个景物会像苏轼诗中所说的：“横看成岭侧成峰，远近高低各不同”，而不同的物象在不同的背景下看，其获得的美感自然也是不同的。所谓“楼上看山，城头看雪，灯前看月，舟中看霞，月下看美人”，本是古诗文中常塑造的意境空间，身处其境，对于久谙诗道的人来说，自然别有韵味。

第二九则

原 典

山之光，水之声，月之色，花之香，文人之韵致，美人之姿态，皆无可名状，无可执著，真足以摄召魂梦，颠倒情思。

原 评

吴街南曰：以极有韵致之文人，与极有姿态之美人，共坐于山、水、花、月间，不知此时魂梦何如？情思何如？

译 文

山光，水声，月色，花香，文人的韵致，美人的姿态，都无法形容、无法捉摸，真是足以让人魂牵梦绕，情思颠倒。

评 析

好的诗文在于能够“状难写之景，如在目前；含不尽之意，见于言外”，追求的是避实就虚，在可言与不可言之间，即所谓的“味外之味，象外之象”，是一种形而上的远离事物现实形态而更倾向于其本质的美学效果。这则所说的山光、水声、月色、花香、文人的韵致、美人的姿态几种物象本身就具有这种难以言传、不可捉摸的特点，然而越是虚实不定，这种诱惑所具有的牵引力就越大，就更能获得无限的审美遐想。

第三〇则

原典

假使梦能自主，虽千里无难命驾，可不羡长房之缩地[1]；死者可以晤对[2]，可不需少君[3]之招魂；五岳可以卧游，可不俟婚嫁之尽毕。

原评

黄九烟曰：予尝谓“鬼有时胜于人”，正以其能自主耳。

江含徵曰：吾恐“上穷碧落下黄泉，两处茫茫皆不见”也。

张竹坡曰：梦魂能自主，则可一生死，通人鬼。真见道之言矣。

注释

① 缩地：传说中能化远为近的神仙之术。

② 晤对：会面交谈。

③ 少君：汉代方士李少君自称能召致亡魂，曾用石刻汉武帝所爱李夫人的像，放在轻纱幕里，远远看去，形如生时。

译文

假使做梦时能够自己做主的话，即使是千里之外也不难到达，就不用羡慕费长房的缩地术了；可以与死者会面交谈，就不需要李少君招魂了；躺着就可以游历五岳的山川，就不必等到自己娶妻成家之后了。

评析

人势必要受到时间和空间的限制，但人的本身却是超越性的，不满足于被限制，而是要彰显出自己的生命力。梦境中，人虽然可以有超越现实的幻像，却并不能达到绝对的自由。正如《世说新语》中的一则故事：卫玠总角时，问乐令梦，乐云："是想。"卫曰："形神所不接而梦，岂是想邪？"乐云："因也。未尝梦乘车入鼠穴，捣齑啖铁杵，皆无想无因故也。"卫思因经日不得，遂成病。乐闻，故命驾为剖析之，卫即小差。乐叹曰："此儿胸中当必无膏肓之疾！"可见，就算是梦也并不能自主。

第三一则

原 典

昭君以和亲而显，刘蕡[①]以下第而传，可谓之不幸，不可谓之缺陷。

原 评

江含徵曰：若故折黄雀腿而后医之，亦不可。

尤悔庵曰：不然，一老宫人，一低进士耳。

注 释

① 刘蕡：字去华，唐幽州昌平人，敬宗宝历进士。文宗大和二年（828）策试贤良方正、直言极谏科，蕡对策言论激切，极言宦官专横之祸，考官叹服，而不敢取。九年（836）令狐楚、牛僧孺皆表蕡幕府，授秘书郎。而宦官深疾蕡，诬以罪，贬柳州司户参军，卒。蕡博学善属文，尤精《左氏春秋》。

译 文

王昭君因出塞和亲而扬名后世，刘蕡因科场下第而流传后世。可以说他们不幸，但不能说他们不圆满。

评析

王昭君和刘蒉的遭遇虽然情况不同，但他们之所以能够流芳百世，为人们所铭记，则是因为他们为世界的美好尽了自己的责任，做出了了不起的贡献，他们的共同之处是代表了正义，谈不上幸与不幸。

第三二则

原典

以爱花之心爱美人，则领略[1]自饶别趣；以爱美人之心爱花，则护惜倍有深情。

原评

冒辟疆曰：能如此，方是真领略、真护惜也。

张竹坡曰：花与美人，何幸遇此东君[2]。

注释

① 领略：欣赏，赏玩。

② 东君：即东家，对主人的尊称。

译 文

以珍爱花的心去爱惜美人，会欣赏到另一番情趣；用爱怜美人的心去爱惜花，这种护惜之情就会更加深刻。

评 析

花和美人之间天然存在着彼此互为隐喻的关系。以爱花之心爱美人，暗指美人如花般易凋谢，须倍加爱惜，毋为东风摧折；以爱美人之心爱花，暗指花即美人，岂敢有所亵渎毁伤！花和美人两相映衬，彼此交相辉映，自然会使得人的爱惜、保护之念更深、更切。

第三三则

原 典

美人之胜于花者，解语①也；花之胜于美人者，生香②也。二者不可得兼，舍生香而取解语者也。

原 评

王勿翦曰：飞燕③吹气若兰，合德④体自生香，薛瑶英⑤肌肉皆香。则美人又何尝不生香也！

注释

① 解语：会说话，善解人意。

② 生香：散发香气。

③ 飞燕：汉成帝赵皇后。本为阳阿公主家歌女，善歌舞，以体轻故称“飞燕”。成帝时入宫，与其妹合德皆为婕妤，后立为皇后。平帝即位，被废为庶人，自杀。

④ 合德：赵飞燕之妹。相传其肤滑体香，性醇粹，善音辞。

⑤ 薛瑶英：唐人，能诗书，善歌舞。宰相元载纳为姬，宠惑之，怠于庶务。瑶英父兄递相出入，以构贿赂，号为关节。载败死，瑶英为里人妻。

译文

美人胜过花的地方，在于她会说话；花胜过美人的地方，在于它能散发芳香。这两者不可能兼有，就只有舍弃散发香味的花而选择会说话的美人了。

评析

花和美人是再契合不过的隐喻了，然而美人善解人意、通人心魂，较之于花，虽同具烂漫之姿，终是胜之一筹。而花虽不解语，却弥漫一股幽香于其间，让人魂牵梦萦，但如果“鱼和熊掌不可兼得”，就只好舍幽香而取解语了。

第三四则

原 典

窗内人于窗纸上作字，吾于窗外观之，极佳。

原 评

江含徵曰：若索债人于窗外纸上画，吾且望之却走①矣。

注 释

① 却走：退避；退走。

译 文

窗内的人在窗纸上写字，我在窗外观看，非常漂亮。

评 析

也许从正面看一幅字并没有什么不同，而在特定场景之下，如置于窗间，反面而观，便能让人在字迹影绰间，觉得雅趣盎然。

第三五则

原 典

少年读书，如隙中窥月；中年读书，如庭中望月；老年读书，如台上玩月。皆以阅历之浅深为所得之浅深耳。

原 评

黄交三曰：真能知读书痛痒[1]者也。

张竹坡曰：吾叔此论，直置身广寒宫里，下视大千世界，皆清光似水矣。

毕右万曰：吾以为学道亦有浅深之别。

注 释

① 痛痒：比喻紧要的事。

译 文

少年时读书，就像从间隙中窥看明月；中年时读书，就像在庭院中望月；老年时读书，就像站在高台上玩赏月亮。这都是从他们生命阅历的深浅来看他们在书中获得知识的深浅。

评 析

书并不是摆在书架上或置于案头就称其为书了，而是当你去读的时候，一本具体的“书”才会产生。“一千个读者就有一千个哈姆莱特”，不同的人生经验就会读出不同的信息。类似的话鲁迅也说过，他说：“一部红楼梦，道学家看到了淫，经学家看到了易，才子佳人看到了缠绵，革命家看到了排满，流言家看到了宫闱秘事。”

而这则用观月来比喻人在少年、中年、老年三个人生阶段对于读书的体会。少年人初涉人世，阅历浅薄，就像在缝隙中窥看月亮一样，能从书中得到的道理体悟，总如管中窥豹，略见一斑而已；中年人阅历渐深，便如在庭院中望月一般，能从书中得到知识的全部面貌；老年人已近人生暮年，经历了人生的大风大浪，读书明理对他们来说像在台榭中赏玩月色一样，偶一玩之而已。这则可谓深得读书之三昧了。

第三六则

原 典

吾欲致书雨师：春雨宜始于上元节后（观灯已毕），至清明十日前之内（雨止桃开），及谷雨节中。夏雨宜于每月上弦之前，及下弦之后（免碍于月）。秋雨宜于孟秋、季秋之上、下二旬（八月为玩月胜境）。至若三冬，正可不必雨也。

原 评

孔东塘曰：君若果有此牍，吾愿作致书邮[1]也。

余生生曰：使天而雨粟，虽自元旦雨至除夕，亦未为不可。

张竹坡曰：此书独不可致于巫山雨师[2]。

注 释

① 致书邮：送信人。

② 巫山雨师：战国宋玉《高唐赋》序："昔者先王尝游高唐，怠而昼寝。梦见一妇人，曰：'妾巫山之女也，为高唐之客。闻君游高唐，愿荐枕席。'王因幸之。去而辞曰：'妾在巫山之阳，高丘之阻，旦为朝云，暮为行雨，朝朝暮暮，阳台之下。'旦朝视之，如言，故为之立庙，号曰朝云。"后遂用来比喻男女幽会。

译 文

我想写信给雨师：春天的雨应该在上元节后开始下（那时观灯节已结束了），一直到清明前十天（春雨停止，桃花开了），以及谷雨节这天。夏雨应该在每月的初七、初八之前，或者二十二或二十三之后下（以免妨碍赏月）。秋雨应该在孟秋、季秋的上旬、下旬下（八月是赏月的最佳时节）。至于冬天的三个月，大可不必下雨了。

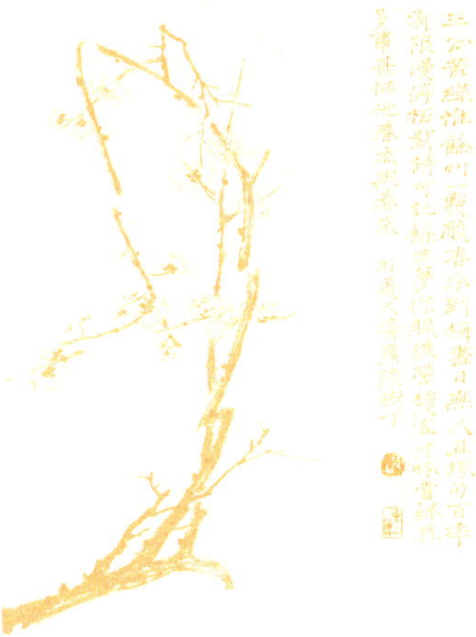

评 析

为了能够赏花赏月，对于雨行雨止全都要按照自己的意愿和追求来重新设置，虽属无稽之谈，但却代表着明末清初文人对于追求优雅美的一种普遍的审美诉求。

第三七则

原 典

为浊富[1]，不若为清贫；以忧生，不若以乐死。

原 评

李圣许曰：顺理而生，虽忧不忧；逆理而死，虽乐不乐。

吴野人曰：我宁愿为浊富。

张竹坡曰：我愿太奢，欲为清富，焉能遂愿！

注 释

① 浊富：不义而富。与“清贫”相对。明杨慎《艺林伐山·佛书四六》：“宁可清贫自乐，不做浊富多忧。”

译 文

做一个不义的富贵者，不如做一个清贫者；在忧愁困窘中活

着，不如在痛快淋漓中死去。

评 析

君子有所为有所不为，进退之间彰显出的是一个人内在的秉持和信仰。孔子说：“不义而富且贵，于我如浮云。”趋利避害是人的本能，没有人情愿处于清贫之中，而不愿富贵于世。富贵就意味着占有更多的生存资源，君子所关心的是，如果不是在符合道义和法规的前提下获得这些的，损人利己，损公肥私，那就为人所不耻，所以宁可处在贫困之中，也不愿在污浊的富贵之中生活。

第三八则

原 典

天下惟鬼最富，生前囊无一文，死后每饶楮镪[①]；天下惟鬼最尊，生前或受欺凌，死后必多跪拜。

原 评

吴野人曰：世于贫士，辄目为穷鬼，则又何也？

陈康畴曰：穷鬼若死，即并称尊矣。

注释

① 楮镪：祭奠时焚化用的纸钱。

译文

天下唯有鬼是最富有的，生前口袋空空，死后却往往有大量的纸钱；天下唯有鬼最尊贵，生前也许会遭受凌辱，但死后一定会受到许多人的跪拜。

评析

早在几千年前，司马迁就说过“天下熙熙，皆为利来；天下攘攘，皆为利往”，芸芸众生，多为“名利”二字所误，一生劳碌，挥洒生命，追名逐利。名利钱财终是身外之物，死后一场空。然而不无讽刺的是，人死后却倒过来了，名不求而自尊，利不追而自丰，可叹可叹！

第三九则

原典

蝶为才子之化身，花乃美人之别号。

原评

张竹坡曰：蝶入花房香满衣，是反以金屋贮才子矣。

译文

蝴蝶是才子的化身，花是美人的别号。

评析

以花喻美人，以蝶喻才子，蝶恋花，才子配佳人，这四者之间的关系，在历代文人笔下已经成为固定的符号。中国古代的作品大多有一个完满的结局，中国人不喜欢悲剧，这几乎成了所有读中国书的人所得的共识。这不能不说和儒教有着千丝万缕的联系，孔子最早说出“哀而不伤”的话来，以至于后世文人奉为圭臬，千百年来不敢有所异议。

第四〇则

原典

因雪想高士，因花想美人，因酒想侠客，因月想好友，因山水想得意诗文。

原评

弟木山曰：余每见人一长、一技，即思效之；虽至琐屑，亦不厌也。大约是爱博而情不专。

张竹坡曰：多情语令人泣下。

尤谨庸曰：因得意诗文，想心斋矣。

李季子曰：此善于设想者。

陆云士曰：临川[1]谓：“想内成，因中见[2]。”与此相发。

注 释

① 临川：指汤显祖，临川（今江西抚州）人，字义仍，号若士，明代杰出戏曲家。著有《牡丹亭》。

② 想内成，因中见：句出《牡丹亭·惊梦》鲍老催唱词：“这是景上缘，想内成，因中见。”景即影，与想、因都是佛家说法。“景上缘，想内成”，比喻姻缘短暂，如幻梦般不真实；“因中见”，见即现，意谓一切事物都由因缘和合而成。

译 文

因为雪而想到了隐居的高人，因为花而想到了美人，因为酒而想到了侠客，因为明月而想到了好友，因为山水而想到了得意的诗文佳作。

评 析

受道家“天人合一”思想的影响，中国文化的一个显著特点就是社会人文和自然是一体互生的。这集中体现在中国的“五行”“阴阳”学说中，以自然界中的五种元素来说明和解释人类社会的现象，或者从自然界中常见的“阴面”“阳面”抽象出“阴”“阳”两个相辅相成的概念，来解释大千世界、人文万象。表现在文学创作中，就是用自然的物象或场景来比拟、兴发、联想某种社会人文中的事物，

由于文学实践的不断累积，便形成了固定的相匹配的自然物象与人文物象之间的连接。莹洁纯净的雪与超尘脱俗的隐士，花和美人，酒和豪爽的侠客，望月怀人，山水诗文，都不过是这种联系的具体表现。

第四一则

原典

闻鹅声，如在白门①；闻橹声，如在三吴②；闻滩声，如在浙江；闻骡马项下铃铎③声，如在长安道上。

原评

聂晋人曰：南无观世音菩萨摩诃萨④。

倪永清曰：众音寂灭时，又作么生⑤话会。

注释

① 白门：指南京。南朝宋时都城在建康，即今南京，其西门按五行属金，金气白，故称白门。后来用白门代称南京。

② 三吴：地名，有多种说法。一说指苏州、润州（今镇江）和湖州；一说指吴兴、吴郡合称；一说指吴郡、吴兴和丹阳；一说指苏州、常州和湖州。无论如何，三吴当在以苏州为中心的古代吴国

地区，泛指江浙一带。这里多水，出行多划船。

③ 铃铎：泛指铃铛，铎是大铃。

④ 摩诃萨：“摩诃萨陀”或“摩诃萨埵”的简称，梵语“摩诃”意为大，“萨陀”意为有情、众生。摩诃萨即菩萨或大士之通称，谓其于世间诸众生中为最上。

⑤ 么生：什么。

译文

听到鹅叫声就好像身处金陵；听到摇橹声就好像身处三吴之地；听到水拍打滩头的声音就好像身处浙江之地；听到骡马颈下的铃铛声，就像身处长安古道中一样。

评析

两个事物如果经常被一起说到，便会谈此念彼。在古代文人那里有很多程式化的诗文物象典故，听到鹅声自然就会想到南京城下鹅多，更不必说什么三吴水乡船多樯立，浙江滩声如雷，长安古道驮马络绎，因为这些物象都是古代诗词常见的描述场景。

第四二则

原典

一岁诸节，以上元[①]为第一，中秋次之，五日[②]、九日[③]又次之。

原评

张竹坡曰：一岁当以我畅意日为佳节。

顾天石曰：跻上元于中秋之上，未免尚耽绮习[④]。

注释

① 上元：即元宵节。

② 五日：即五月初五端午节。

③ 九日：即九月初九重阳节。

④ 绮习：浮艳的风习。

译文

一年中的节日，以元宵节为第一，中秋节在其后，端午节、重阳节又在其后。

评析

一年之中的节日，风俗仪式各有不同，元宵节赏花灯，中秋节赏月，端午节食粽观舟，重阳节登高望远，谈不上有什么高下先后的排次，如果非要比较一下这几个节日的不同，大约就是元宵节热闹活泼，中秋节月满团圆，端午节温情闲逸，重阳节气爽宜人，至于该如何排次，就在于个人的好恶了。

第四三则

原典

雨之为物，能令昼短，能令夜长。

原评

张竹坡曰：雨之为物，能令天闭眼，能令地生毛，能为水国广封疆。

译文

雨作为一种自然物，能让白天变短，能令黑夜变长。

评析

时间有物理时间和心理时间的分别，这里说雨能够使时间有长短的变化，是说人的心理时间的变化。雨声潇潇，单调的敲击声在白天容易使人凝神，忘记时间的存在，自然就会觉得时间流逝得很快。而到了夜晚，万籁俱寂，卧床听雨，人在黑暗中听觉最为灵敏，耳

旁风雨之声不断，无法入眠，自然就觉得时间特别漫长。

第四四则

原 典

古之不传于今者，啸也、剑术也、弹棋也、打球也。

原 评

黄九烟曰：古之绝胜于今者，官妓、女道士也。

张竹坡曰：今之绝胜于古者，能吏也、猾棍也、无耻也。

庞天池曰：今之必不能传于后者，八股也。

译 文

古代没有流传到今天的，有长啸、剑术、弹棋、打球。

评 析

古往今来，淹没在历史的尘沙之下的，又岂止这几种？作者提出来是因为这几种技艺是中国传统士大夫阶层所具备的，体现着所谓的“名士风度”，这是超迈尘俗的表现。因为它们是属于高雅文化的，自然引起同是文人的作者的感慨。

第四五则

原 典

诗僧时复有之，若道士之能诗者，不啻[1]空谷足音[2]，何也？

原 评

毕右万曰：僧、道能诗，亦非难事；但惜僧、道不知禅元耳。

顾天石曰：道于三教中，原属第三。应是根器最钝人做，那得会诗！轩辕弥明，昌黎寓言耳。

尤谨庸曰：僧家势利第一，能诗次之。

倪永清曰：我所恨者，辟谷[3]之法不传。

注 释

① 不啻：不仅；何止。

② 空谷足音：《庄子·徐无鬼》："夫逃虚空者……闻人足音跫然而喜矣。"成玄英疏："忽闻他人行声，犹自欣悦。"后以"空谷足音"比喻极难得的音信或言论。

③ 辟谷：谓不食五谷，道教的一种修炼术。辟谷时，仍食药物，并须兼做导引等功夫。

译 文

擅长作诗的僧人常有，像道士能够作诗的，如空谷足音一样难得，这是为什么呢？

评 析

佛教和道教之间的区别说来很复杂，但最明显的区别是佛家是劝人出世的，出家的目的在彼岸，是要往生极乐的，而道教却是劝人入世的，做道士是要炼丹画符咒等，目的是为现世服务，是为了及时行乐。二者的差别如此，就难怪道士中很难出现好的诗人了。

第四六则

原 典

当为花中之萱草，毋为鸟中之杜鹃。

原 评

袁翔甫补评曰：萱草忘忧，杜鹃啼血。悲欢哀乐，何去何从？

译 文

应当做花中的萱草，不要做鸟中的杜鹃。

评 析

《诗经·国风·卫风》有言：“焉得谖草，言树之背。愿言思伯，甘心首疾。”对于萱草可以忘忧的传说，古人深以为然。而“杜鹃啼血”的典故中，蜀王望帝死后化为啼血的杜鹃的故事，也被历代文人常用在诗词作品中，只不过大都用来比喻凄凉哀苦的形象或境况。忘忧向乐、趋利避害本是人之常情，不过“何去何从”有时候由不得自己选择。

第四七则

原 典

物之稚者，皆不可厌，惟驴独否。

原 评

黄略似曰：物之老者，皆可厌，惟松与梅则否。

倪永清曰：惟癖于驴者，则不厌之。

译 文

动物幼小时，都不令人生厌，唯有驴不是这样。

评 析

作者认为动物幼小时都不让人感到讨厌，但认为驴并不是这样。大概是因为驴性倔强，驴鸣喑哑，所以许多贬义的词就和驴扯上了关系，比如“驴脾气”“驴鸣犬吠”“驴心狗肺”“驴唇不对马嘴”

之类的言辞。所谓“爱之欲其生，恶之欲其死”，只能说这不过是个人好恶的区别。

第四八则

原典

女子自十四五岁至二十四五岁，此十年中，无论燕、秦、吴、越，其音大都娇媚动人；一睹其貌，则美恶判然[①]矣。“耳闻不如目见”，于此益信。

原评

吴听翁曰：我向以耳根之有余，补目力之不足。今读此，乃知卿言亦复佳也。

江含徵曰：帘为妓衣[②]，亦殊有见。

张竹坡曰：家有少年丑婢者，当令隔屏私语，灭烛侍寝，何如？

倪永清曰：若逢美貌而恶声者，又当如何？

注释

① 判然：区分得清清楚楚。

② 帘为妓衣：《梁书·夏侯宣传》："（宣）晚年颇好音乐，有妓妾十数人，并无被服姿容。每有客，常隔帘奏之，时谓帘为夏侯妓衣也。"后来即以"妓衣"为帘的异称。

译文

女子从十四五岁到二十四五岁，这十年中，无论是燕、秦、吴、越哪个地方的人，她们的声音大都娇媚动人；可一看到她们的面貌，她们的美丑就区分得清清楚楚。由此"耳闻不如目见"这句话更让人深信不疑了。

评析

此则所论女子十四五岁到二十四五岁之间，无论南北，声音都是妩媚动人的，但论及容貌却以为差异很大，似以南方女子为佳，实在是地域偏见，全无依据的无稽之谈，进而论述"耳闻不如目见"的道理，也属谬谈，卑之无甚高论。

第四九则

原 典

寻乐境，乃学仙[①]；避苦趣[②]，乃学佛。佛家所谓“极乐世界[③]”者，盖谓众苦之所不到也。

原 评

江含徵曰：着败絮行荆棘中[④]，固是苦事；彼披忍辱铠[⑤]者，亦未得优游自到也。

陆云士曰：空诸所有，受即是空，其为苦乐，不足言矣，故学佛优于学仙。

注 释

① 学仙：学习修道成仙，这是道教的修炼方式。

② 苦趣：佛教中所说的地狱、饿鬼、畜生三种恶道，是六道轮回中受苦的地方，泛指受痛苦。趣，同“趋”。

③ 极乐世界：佛教中指有乐无苦的世界，据《阿弥陀经》说，是阿弥陀佛所居之地：“从是西方，过十万亿佛土，有世界名曰：极乐。其国众生，无有众苦，但受诸乐，故名极乐。”

④ 着败絮行荆棘中：指世俗生活。明袁宏道《孤山》：“孤山处士，妻梅子鹤，是世间第一种便宜人。我辈只为有了妻子，便惹许多闲事，撇之不得，傍之可厌，如衣败絮行荆棘中，步步牵挂。”

⑤ 忍辱铠：佛教用语，袈裟的别称，谓忍辱能防一切外难，故以铠甲为喻。《法华经·持品》："恶鬼入其身，骂詈毁辱我。我等敬信佛，当着忍辱铠。"

译 文

要寻找快乐的境界，就去学成仙之术；要避免痛苦和烦恼，就去学习如何成佛。佛家所说的"极乐世界"，大概就是痛苦无法到达的地方。

评 析

佛教所言"极乐世界"在于彼岸，道教所说"乐境"却是现实世界。中国传统的哲学和宗教几乎都是重视现实人生的，而对于纯粹形而上学的玄思、宗教信仰的纯洁兴趣不大，即使是最玄妙的老庄一派的哲学也是为现实人生的出路服务的，它追求一种精神的绝对自由，是为了躲避现实的生存苦难，更不用说道教的导引炼丹、希求长生、画符驱鬼等，完全是为了世俗人间的享乐，满足现实欲求。就像鲁迅所说："中国人往往憎和尚，憎尼姑，憎回教徒，憎耶教徒，而不憎道士。懂得此理者，懂得中国大半。"

第五〇则

原 典

富贵而劳悴，不若安闲之贫贱；贫贱而骄傲，不若谦恭之富贵。

原 评

曹实庵曰：富贵而又安闲，自能谦恭也。

许师六曰：富贵而又谦恭，乃能安闲耳。

张竹坡曰：谦恭安闲，乃能长富贵也。

张迂庵曰：安闲乃能骄傲，劳悴则必谦恭。

译 文

如果富贵仍然劳苦，倒不如安闲的贫贱；如果清贫却骄傲自大，那就不如谦虚恭谨的富贵。

评 析

所谓“富贵闲人”，富贵就意味着比一般人占有更多的生活资源，可以不必为了生存而奔波，可以有更多的时间和精力去做自己喜欢的事。倘若已经有很多财富，而为了积攒更多的财富，仍然不停地劳碌奔波，不过是守财奴而已。这样无尽地生活下去，还不如虽然贫贱，却能安闲自在地度日。

第五一则

原 典

目不能自见，鼻不能自嗅，舌不能自舐，手不能自握，惟耳能自闻其声。

原 评

弟木山曰：岂不闻心不在焉、听而不闻乎？兄其诳我哉。

张竹坡曰：心能自信。

释师昂曰：古德[①]云：“眉与目不相识，只为太近。”

注 释

① 古德：佛教徒对年老且有道德的高僧的尊称。

译 文

眼睛不能自己看到自己，鼻子不能自己闻到自己，舌头不能自己舔到自己，手不能自己握住自己，只有耳朵能听见自己的声音。

评 析

所谓“当局者迷，旁观者清”，人对自己的缺陷和不足总是反应比较迟钝，或是根本无法察觉，而只会看到别人不如人意的地方。但实际上每个人都有自己的缺点和不足，只不过大多数时候，自己无法客观全面地看待自己罢了。人应该学会自我反省，养成时时审视自己的好习惯。

而作者也提醒了我们，可以充分发挥耳朵的作用，学会虚心听取别人的意见和建议，避免故步自封、妄自尊大，唯有如此，才能尽可能地避免自身的错误和缺点，使自己得到丰富和完善。

第五二则

原典

凡声皆宜远听，惟听琴则远近皆宜。

原评

王名友曰：松涛声、瀑布声、箫声、笛声、潮声、读书声、钟声、梵声皆宜远听，惟琴声、度曲声、雪声，非至近不能得其离合抑扬之妙。

庞天池曰：凡色皆宜近看，惟山色远近皆宜。

译文

凡是声音都适合在远处听，只有弹琴的声音远听、近听都适宜。

评 析

声音是一种十分奇妙的东西，有优雅悦耳的，有震耳欲聋的，有低沉厚重的，倾听它们会带来不同的感受，它们也为我们的生活增添了许多绚丽多姿的色彩。

而作者认为在倾听这些声音的时候，由于距离远近的不同，感受也会有所不同。作者在这里写到，所有的声音都适合在远处听，但弹琴的声音无论远听还是近听都十分适宜，说明作者很喜欢琴声，而优美的琴声也能够给其带来身心的愉悦。

第五三则

原 典

目不能识字，其闷尤过于盲；手不能执管，其苦更甚于哑。

原 评

陈鹤山曰：君独未知今之不识字不握管者，其乐尤过于不盲不哑者也。

译 文

有眼睛却不能认识字，这种苦闷甚至超过了瞎子；有双手却不会执笔写字，这种痛苦更是超过了哑巴。

评析

文字是记录语言的书面符号，是人类进步的表现。它的产生使人类脱离了野蛮和蒙昧，是人类文明的一大里程碑。而对于个人来说，文字出现使得人们能够通过文字的记录通古博今、开阔眼界、增长知识，可以掌握到更多的信息和资料，从而使自身的学识和涵养得到极大的提升。而有了文字之后，执笔写字就显得尤为重要，能够识字、写字，就能够更好地表达自己的思想观念，并且能够著书立说，给后人留下宝贵的精神财富。所以，识字和写字的能力是十分重要的。

然而，在封建社会，文字成为封建统治阶级进行统治的工具。对于广大的劳动人们和受剥削阶层来说，识字或是写字都是一件极其奢侈的事情，社会底层人民始终处于一种蒙昧无知的状态。可是，人们十分渴望读书识字，这种不能用文字来进行交流、传递思想、表达感情的痛苦，比目盲不能见物、口哑不能说话有过之而无不及。

第五四则

原典

并头联句，交颈论文，宫中应制，历使属国，皆极人间乐事。

原 评

狄立人曰：既已并头交颈，即欲联句论文恐亦有所不暇。

汪舟次曰：历使属国，殊不易易。

孙松坪曰：邯郸旧梦[1]，对此惘然。

张竹坡曰：并头交颈乐事也，联句论文亦乐事也，是以两乐并为一乐者，则当以两夜并一夜方妙，然其乐一刻胜于一日矣。

沈契掌曰：恐天亦见妒。

注 释

① 邯郸旧梦：指黄粱梦，意为虚幻不能实现的梦想。据唐代沈既济《枕中记》里记载：卢生在邯郸旅店住宿，入睡后做了一场享尽一生荣华富贵的好梦。梦醒时，黄粱还没有熟，因有所悟。后世说的“黄粱梦”或“邯郸梦”，都由此而出，比喻富贵之无常。

译 文

大家在一起对句作诗、谈论诗文，奉皇上之命撰写文章，多次出使附属国，都是人世间最快乐的事。

评析

作者在这里描述了古代文人认为的四件极为快乐的事情，反映了在当时的社会环境下文人普遍的人生追求。在他们心中，人生最快意的事情莫过于能够吟诗作对、诗文唱和、奇文共赏，因为这些能显示出才子佳人的才情和风流。而且，“学而优则仕”的观念在当时十分盛行，考取功名，光宗耀祖，是古代文人钻研诗词文章的一个重要目标。也正因为如此，他们在诗词唱和的时候会有一些讨好权势、君王的应制之作。当然，在当时这也被认为是一件十分快乐的事。

第五五则

原典

《水浒传》武松诘蒋门神云：“为何不姓李[①]？”此语殊妙，盖姓实有佳有劣。如华、如柳、如云、如苏、如乔，皆极风韵；若夫毛也、赖也、焦也、牛也，则皆尘于目而棘于耳者也。

原评

先渭求曰：然则君为何不姓李耶？

张竹坡曰：止闻今张昔李，不闻今李昔张也。

注 释

① 为何不姓李：见《水浒传》第二十九回。

译 文

《水浒传》中武松问蒋门神说："为什么不姓李？"这句话问得太妙了，因为姓氏确实有好有坏。像华、柳、苏、乔，都极其雅致；至于像毛、赖、焦、牛，看起来都不雅观，听起来又刺耳。

评 析

中国人的姓氏源远流长，而众多的姓氏及其渊源也构成了中华文明的重要组成部分。但是，姓氏并没有好坏、高低、贵贱之分，所谓的姓氏其实就是一种符号，一个代表人物的标志而已。只不过有些姓氏听起来比较雅致，让人不由自主地喜欢，有些姓氏听起来给人以不雅的联想或是感觉比较生僻，至于好坏、优劣则无从谈起。

第五六则

原 典

花之宜于目而复宜于鼻者：梅也、菊也、兰也、水仙也、珠兰

也、莲也。止宜于鼻者：橼[1]也、桂也、瑞香也、栀子也、茉莉也、木香也、玫瑰也、腊梅也。余则皆宜于目者也。花与叶俱可观者，秋海棠为最，荷次之，海棠、酴醿[2]、虞美人、水仙又次之。叶胜于花者，止雁来红、美人蕉而已。花与叶俱不足观者，紫薇也、辛夷也。

原 评

周星远曰：山老可当花阵一面。

张竹坡曰：以一叶而能胜诸花者，此君[3]也。

注 释

① 橼：即枸橼，又名香橼、佛手柑。常绿灌木或小乔木，果实有香味，常作为观赏植物。

② 酴醿：花名。《群芳谱》中有云："本名荼蘼，一种色黄似酒，故加'酉'字。"由此可知此花本白色，但有开黄色花极似酒，故以"酴醿"命名。

③ 君：指竹子。

译 文

鲜花中既美观好看又芳香怡人的是：梅、菊、兰、水仙、珠兰、莲。芳香怡人只适宜闻的是：橼、桂、瑞香、栀子、茉莉、木香、玫瑰、腊梅。其余的都只是好看而已。花和叶都十分漂亮、适宜观赏的，秋海棠是最佳的，荷花还在其次，海棠、酴醿、虞美人、水仙又排在了荷花的后面。叶子比花还要好看的，只有雁来红和美人蕉而已。花和叶都不值得观赏的是紫薇和辛夷。

评析

花是美丽的化身，人们对花大都是十分喜爱的。而且，人们根据花的各种特点赋予了它们不同的花语，给予了它们不同的定位，使得花儿有了自己的个性特征和不同的类属。

从文中作者对花的分类和排名中，我们可以看出作者在花卉鉴赏上的造诣和功力。无疑，作者是一个懂花、爱花、惜花之人。

第五七则

原典

高语山林①者，辄不喜谈市朝②。事审③若此，则当并废史、汉诸书而不读矣。盖诸书所载者，皆古之市朝也。

原评

张竹坡曰：高语者必是虚声处士，真入山者方能经纶④市朝。

注释

① 高语山林：意为高谈隐居之事。

② 市朝：市场和朝廷，指争名逐利之所，也指世事。

③ 审：确实，果真。

④ 经纶：整理丝缕、理出丝绪和编丝成绳。后引申为治理国家大事。

译文

对山林隐逸之事高谈阔论的人，就不喜欢谈论市场、朝廷的世事。果然是这样的话，就应该放弃《史记》《汉书》等书，不去读它。因为这些书所记载的，都是古代社会争名逐利的事情。

评析

古人讲究“学而优则仕”，因而文人们大都以求取功名、出仕为官作为最终目标。不过，也有一些文人雅士出于社会、政治以及其他的一些原因，不愿出仕为官，于是开始了隐居生活。而这些隐士走出尔虞我诈、阿谀逢迎的官场之后，就致力于寻求内心的宁静和诗文造诣方面的成就。也恰恰是因为这样，很多时候，他们看待世事常常要比世俗之人更加透彻。

而作者认为，这些隐士若是对于国家朝廷的政事没有什么兴趣，那么，就可以推定，对他们来说，《史记》《汉书》这些书籍也就没有必要去阅读了，因为这些书籍都是讲述古代社会争名逐利之事的。

可实际上，正是因为他们对社会政治环境，对朝廷制度氛围有了深刻的认识，不愿意与那些虚伪之人同流合污，才毅然决然地选择了归隐这条路。虽说隐士讨厌追名逐利，可真正的隐士具有心忧天下的胸怀，虽身在事外，但也难免不忧心时势。

第五八则

原典

云之为物，或崔巍如山，或潋滟[1]如水，或如人，或如兽，或如鸟毳[2]，或如鱼鳞。故天下万物皆可画，惟云不能画，世所画云亦强名耳。

原评

何蔚宗曰：天下百官皆可做，惟教官[3]不可做。做教官者皆谪戍耳。

张竹坡曰：云有反面正面，有阴阳向背，有层次内外。细观其与日相映，则知其明处乃一面，暗处又一面。尝谓古今无一画云手，不谓《幽梦影》中先得我心。

注释

① 潋滟：指水波流动相连的样子，也形容水势大。

② 毳：指鸟兽的白色细毛。

③ 教官：指古时掌管学务的官员。

译文

云作为一个物体，有时像高大雄伟的山，有时像汹涌而来的水，有时像人，有时像兽，有时像鸟的细毛，有时像鱼鳞。所以天下所有的东西都可以画，只有云不能画，世人所画的云也不过徒有

其名而已。

评 析

绘画艺术是忠实于客观物象的，而对于绘画者来说，最难以把握的是物象姿态万千的变化。而云的形态随时随地都在变化，更加难以描绘，不过也不是没有关于云的成功的画作，当然，画作本身与我们人眼看到的肯定是有差别的。

通过作者对云的描述，我们可以感受到作者对自然事物细致入微的观察。这点十分难能可贵。

第五九则

原 典

值太平世，生湖山郡[1]，官长廉静，家道优裕，娶妇贤淑，生子聪慧，人生如此，可云全福。

原 评

许篠林曰：若以粗笨愚蠢之人当之，则负却造物[2]。

江含徵曰：此是黑面老子要思量做鬼处。

吴岱观曰：过屠门而大嚼，虽不得肉亦且快意。

李荔园曰：贤淑聪慧，尤贵永年，否则福不全。

注 释

① 湖山郡：意为有山有水、山青水秀的地方。

② 造物：指天。

译 文

生在太平盛世，生活在山清水秀的地方，那里的地方官廉洁清正，自己家境富裕，娶的媳妇贤惠淑德，生的孩子聪明智慧，人生若能这样，可以说是福气齐全了。

评 析

作者在这里为我们提供了一种美满幸福的生活模式。实际上，作者对美满幸福生活的理解和诠释是基于自己所处的环境。作者张潮生于清初，当时时局动荡，百姓深受离乱之苦，而且吏治腐败，人们生活异常艰难。在这样的情况下，作者才有针对性地提出了自己对美满幸福生活的向往和追求，体现了当时人们共同的心声。

第六〇则

原 典

天下器玩之类，其制日工，其价日贱，毋惑乎民之贫也？

原 评

张竹坡曰：由于民贫，故益工而益贱，若不贫，如何肯贱？

译 文

天下的器具玩物之类，它们的制作一天比一天精致，它们的价格一天比一天便宜，难怪老百姓越来越贫穷！

评 析

明清时，天下的器具玩物之类的物件，虽然制作工艺一天天得到了提高，制做出来的商品较以前也变得更加精致，可是由于当时人们的购买力低下，社会需求量不大，使得生产出来的产品越来越多，造成了积压，无法顺利地销售出去。因此，这些东西在市场上的价格也就一天比一天低。而这种情况如果长时间得不到改善，那么这些器具玩物的制作者就会变得越来越贫穷，贫富差距就会越来越大。

在作者的这段文字中，我们能够窥见当时手工制作者生活的艰难和社会的不良发展。

第六一则

原典

养花胆瓶[1]，其式之高低大小须与花相称，而色之浅深浓淡又须与花相反。

原评

程穆倩曰：足补袁中郎[2]《瓶史》所未逮。

张竹坡曰：夫如此，有不甘去南枝[3]而生香于几案之右者乎？名花心足矣！

王宓草曰：须知相反者，正欲其相称也。

注释

① 胆瓶：花器，直口，细长颈，削肩，肩以下渐硕，腹下部丰满，因其形如悬胆而得名。

② 袁中郎：袁宏道，字中郎，湖广公安（今属湖北）人。万历二十年（1592）进士，与其兄袁宗道、弟袁中道并有才名，其文学流派世称“公安派”或“公安体”，合称“公安三袁”。

③ 南枝：朝南的树枝。多指思念家乡。

译文

养花的胆状花瓶，它样式的高低、大小必须要与花相匹配，而它的颜色的深浅、浓淡又必须要与花相反。

评 析

插花是一种十分雅致的艺术，能给人带来极大的美的享受。作者在这里所论及的就是在插花过程中搭配是否和谐的问题。有人说，插花跟绘画是一样的，色彩搭配的好坏往往是插花成功与否的关键。而作者强调“色之浅深浓淡又须与花相反”，则是为了能够给人以强烈的视觉反差，使其相互映衬，更显艳丽。

同时，对于插花所用的花瓶的高低大小也是要特别讲究的。作者认为“其式之高低大小须与花相称”，因为若是把几株细瘦的小花插放在硕大的花瓶中，或是用小巧的花瓶来盛放枝繁叶茂的大花，从视觉上来看是有失和谐的。

而由此，我们也能够领悟到物与物之间合理搭配的重要性。

第六二则

原 典

春雨如恩诏，夏雨如赦书，秋雨如挽歌。

原 评

张谐石曰：我辈居恒苦饥，但愿夏雨如馒头耳。

张竹坡曰：赦书太多亦不甚妙。

译 文

春雨像皇帝施恩颁布的诏书，夏雨像皇帝特别赦免罪犯的命令，秋雨像哀悼丧者的挽歌。

评 析

经过了严寒的冬天，春天到来，万物复苏，大地重新焕发了生机和活力，此时，一场春雨无疑是给大地最好的滋润，给人带来欣喜，而这种感觉就像是帝王颁布施恩的诏书，使人感受到大自然造物主的恩赐。夏季天气酷热，此时，一场夏雨降临，洗去闷热和倦意，带来凉爽，这种畅快不已的感觉与皇帝颁布命令赦免罪犯给人带来的感觉十分相似。而秋季秋风萧瑟，万物凋零，此时的一场秋雨让人在秋寒时节，徒增几缕忧伤和阵阵寒意，让人心中不免黯然。

第六三则

原 典

十岁为神童，二十三十为才子，四十五十为名臣，六十为神仙，可谓全人矣。

原 评

江含徵曰：此却不可知。盖神童原有仙骨故也，只恐中间做名臣时，堕落名利场中耳。

杨圣藻曰：人孰不想？难得有此全福。

张竹坡曰：神童、才子由于己，可能也。臣由于君，仙由于天，不可必也。

顾天石曰：六十神仙似乎太早。

译文

人在十岁时成为聪明伶俐的神童，二十到三十岁时成为才子，四十到五十岁时成为朝廷辅政的名臣，六十岁时成为超脱凡尘的神仙，可以说是一个十全十美的人了。

评析

十全十美，是每个人都想追求和达到的境界。但是，“金无足赤，人无完人”，想要达到所谓的“完美”也只是水中月、镜中花，可望而不可即。

作者在这里对少年、中年、老年都做出完美的安排和解读。可事实上，真正的人生又怎么会如此按部就班呢！

其实，人的一生是充满变数的，虽然我们可以制定一个大致的计划，但也很难尽如人意。但是，我们从中体悟到人生不同的阶段应当有不同的表现、不同的侧重。比如，少年的时候要注重挖掘智慧，青年的时候要注重培养才情，中年的时候要注重建立功业，老年的时候则是要颐养天年，尽享天伦。然而要实现这些，就需要我们在每个人生阶段尽力做好自己该做的事，如此才能达到一个尽可能完美的局面。

第六四则

原 典

武人不苟战，是为武中之文；文人不迂腐，是为文中之武。

原 评

梅定九曰：近日文人不迂腐者颇多，心斋亦其一也。

顾天石曰：然则心斋直谓之武夫可乎？笑笑。

王司直曰：是真文人必不迂腐。

译 文

武人不轻率地发动战争，是武夫中的文人之举；文人不固执迂腐，是文人中的武人之举。

评 析

在封建社会，文臣武将是一个国家的支柱，对一个政权的稳定和发展是至关重要的。他们共同组成了保卫朝廷的铜墙铁壁。

古代武将大多是鲁莽好战型的，他们在战场上骁勇无比，似乎天生就是为战争而生的。但是，他们这一类人往往有勇无谋，只知逞匹夫之勇，在战场上建功立业，因此动不动就大动干戈。但是武将中也有智勇双全的人，他们不仅能够在战场上英勇杀敌，抛头颅、洒热血，而且十分清楚什么时候要毅然发动战争，什么时候要选择忍耐或是采取迂回的策略，避免正面冲突。而文臣也可以不固执迂腐、不教条，他们也可以开明通透、洞明世事、人情练达，并能够以大局为重。

因此，我们要想发挥自己最大的能力，就要学会扬长避短，努力克服自身的弱点，多接触和接纳一些外界的事物和观点。

第六五则

原 典

文人讲武事，大都纸上谈兵，武将论文章，半属道听途说。

原 评

吴街南曰：今之武将讲武事，亦属纸上谈兵。今之文人论文章，大都道听途说。

译 文

文人谈论军事，大部分都是纸上谈兵；武将谈论文章，多半属于道听途说。

评析

每个人都有自己专属的领域和擅长的地方，而对于其他领域可能就会薄弱一些。所以，全才是极少的，生活中更多的是专才。

文人擅长的是诗词文章、治国理政，即使对兵法战术有一定的了解，也或许是因阅读过几本兵书，但是由于没有经历过实战，在谈论军事的时候也大都是脱离实际的。武人擅长的是指挥作战，在战场上驰骋杀敌，纵然懂得一些文人之道、作文之理，但是对文章创作毕竟没有什么经验，因此谈论起文章多是一知半解，人云亦云，很难有什么真知灼见。但是作者没有考虑到的是，即使是文人谈论文章，武人谈论军事，也可能会因为朝政的弊端而出现流于形式的情况。

第六六则

原典

斗方[①]止三种可存。佳诗文一也，新题目二也，精款式三也。

原评

闵宾连曰：近年斗方名士[②]甚多，不知能入吾心斋彀中否也？

注释

① 斗方：指书画所用的方形纸张，也指一二尺见方的字画。

② 斗方名士：指以风雅自命的无聊文人。

译文

一尺见方的书画用纸只有三种可以保存。精美的诗文是其一，新颖的命题是其二，精致的落款和式样是其三。

评析

自古以来，人们对诗画创作是十分喜爱和讲究的，也留下了大量的描写和论述诗画创作的文字。作者在这里写到书画用纸的三种保存方式：一种是把精美的诗文书写在上面，使之变得雅致而有风韵；一种是给其确立一个新颖独特的命题，使之富有神韵和内涵；一种是设计一个精致的落款和式样，使之具有更多的文化意蕴，值得珍藏。由此我们也能够看出作者的审美眼光是十分独到的。毕竟，在以往的记载和描述中，斗方名士给人的印象是不太好的，甚至这些所谓的书画作品是相当低劣的，他们只是为了附庸风雅。而作者在这里给出了较为公平的看法和评价。

第六七则

原典

情必近于痴而始真，才必兼乎趣而始化。

原 评

陆云士曰：真情种、真才子能为此言。

顾天石曰：才兼乎趣，非心斋不足当之。

尤慧珠曰：余情而痴则有之，才而趣则未能也。

译 文

情感一定要接近痴迷才算真诚，才华一定要兼具趣味才能有高的造诣。

评 析

情感达到痴迷的程度，就会全身心地投入，此时情至一处，别无他念，才是发自真心的。

才华虽然十分的重要，但若是缺乏趣味，就难免显得古板、呆滞，很难被人接受。被称为“江南四大才子”之一的唐伯虎为人狂狷，不仅极具才华，还被人称为“江南第一风流才子”。

第六八则

原 典

凡花色之娇媚者，多不甚香；瓣之千层者，多不结实。甚矣，全才之难也，兼之者其惟莲乎！

原 评

殷日戒曰：花叶根实，无所不空，亦无不适于用，莲则全有其德者也。

贯玉曰：莲花易谢，所谓有全才而无全福也。

王丹麓曰：我欲荔枝有好花，牡丹有佳实，方妙。

尤谨庸曰：全才必为人所忌，莲花故名君子①。

注 释

① 莲花故名君子：莲花被称为品格高尚的君子。见北宋周敦颐《爱莲说》：“莲，花之君子者也。”

译 文

凡是花的颜色娇艳妩媚的，大多不芳香；花瓣有很多层的，大多不结果实。能够兼备这些优点的全才就更难得了，兼有这些的大概只有莲花了。

评 析

任何事物都不是十全十美的，再看似完美的事物也必然有它的缺陷和不足之处。人其实也是如此，要在某一方面优秀比较容易，但若要方方面面都优秀，成为全才就很困难，像莲花这种在花中品貌俱佳者是极为难得的，就像人中的全才一样，是可遇而不可求的。

第六九则

原 典

著得一部新书，便是千秋大业；注得一部古书，允为万世宏功。

原 评

黄交三曰：世间难事，注书第一。大要于极寻常书，要看出作者苦心。

张竹坡曰：注书无难。天使人得安居无累，有可以注书之时与地为难耳。

译 文

写成一部新书，就是一件千年的大事业；校注完一部古书，实为造福后世的大功绩。

评 析

自古以来，人们都认为“文章乃经国之大业，不朽之盛世”，而“立德、立功、立言”向来被古人认为是人生三大不朽之事。其中，“立言”很大程度上就是指著书立说。所以，对古代文人来说，著书立说是永垂不朽的盛事。

因为人类历史的每一次发展、每一个进步，都是建立在既有成果和知识的基础之上的。只有汲取前人的智慧，站在前人的肩膀上，才能够创造出更好的成绩，实现更大的突破。而要汲取前人的智慧，最重要的途径就是阅读前人留下来的书籍。

第七〇则

原 典

延名师训子弟，入名山习举业，丐[1]名士代捉刀[2]，三者都无是处。

原 评

陈康畴曰：大抵名而已矣，好歹原未必着意。

殷日戒曰：况今之所谓名乎！

注 释

① 丐：乞求。

② 捉刀：指代人做事或写文章。

译 文

延请名师教导年轻后辈，隐入名山研习科举考试的学业，乞求名士来代替自己写文章，这三件事都不正确。

评 析

其一，虽然名师的学识和见闻非同一般，但是和孩子之间的差距却极大，他们所传授的知识往往比较艰深，孩子们一时难以领悟，而且也不利于孩子循序渐进、由浅入深地掌握知识。

其二，虽说名山风景秀丽，在这样的环境之下能够潜心学习，激发灵感，使得文人在创作文章的时候能够文思泉涌，写下绝美的诗篇。但是当时采取的是八股取士，而八股文写作要求代圣人立言，且十分教条刻板，甚至不允许有个人见解，严重扼杀了人们的创新能力。因此，隐入名山学习并无益于科举考试，也注定不会成功。

其三，名士之文章虽然精美，但无论是体式还是风格，都难免与我们所要求的文章有出入，并且文章作为著作人学识、修养、身份的外在表现，让名士代为撰写，也很容易看出破绽。所以，这种做法也是不可取的。

第七一则

原典

积画以成字，积字以成句，积句以成篇，谓之文。文体日增，至八股而遂止。如古文①、如诗、如赋、如词、如曲、如说部②、如传奇小说，皆自无而有。方其未有之时，固不料后来之有此一体也。逮既有此一体之后，又若天造地设，为世必应有之物。然自明以来，未见有创一体裁新人耳目者。遥计百年之后必有其人，惜乎不及见耳。

原评

陈康畴曰：天下事从意起，山来今日既作此想，安知其来生不即为此辈翻新之士乎？惜乎今人不及知耳！

陈鹤山曰：此是先生应以创体身得度者，即现创体身而为设法。

孙恺似曰：读心斋别集③，拈四子书④题，以五七言韵体行之，无不入妙，叹其独绝。此则直可当先生自序也。

张竹坡曰：见及于此，是必能创之者。吾拭目以待新裁。

注释

① 古文：指先秦两汉以来用文言写成的，与骈文相对的，奇句单行、不讲对偶声律的散文体。

② 说部：指古代小说、笔记、杂著一类文体的书籍。

③ 别集：指古代收录作家个人诗文的集子。

④ 四子书：即《大学》《中庸》《论语》《孟子》。

译文

笔画积累起来汇集成为字，把字积累起来汇集成为句，句子积累起来成为篇，称之为文章。文体不断增加，八股文就停止了。像古文、诗、赋、词、曲、小说、传奇，这些都是从无到有的。当这种文体还没有出现的时候，当然不会想到会有这种文体出现。一旦这种文体出现就好像是天造地设的，就像这种文体一定会出现一样。但是从明朝以来还没有人创造出让人耳目一新的文体来。估计在百年之后，一定会有创造新文体的人，可惜我看不见了。

评析

任何一种文体都是从无到有的，比如古文，诗、赋、词、曲、小说、传奇等，但是，到了推行八股文的时候，文体的发展就停滞了，八股文的推行严重阻碍了文学创新和文体发展的步伐。

不过，任何一种文体的产生，都是有深刻的社会文化基础的，而这一文体也必然代表了当时的文学发展情况。比如，楚骚、汉赋、六朝骈文、唐诗、宋词、元曲等，这些都代表了一个时期的特征。

作者对于八股文阻碍文学发展的情况有清楚的认识，仍然确信在将来必然会产生新的文体，八股文造成的阻碍只是暂时的，文体的发展是文学发展的必然趋势，是不能阻挡的。在当时能够对文体有如此的见解和认识，十分难能可贵，而在今天看来，也是十分契合文学史的发展规律的。

第七二则

原 典

云映日而成霞，泉挂岩而成瀑，所托者异而名亦因之。此友道之所以可贵也。

原 评

张竹坡曰：非日而云不映，非岩而泉不挂。此友道之所以当择也。

译 文

云被太阳照射形成彩霞，泉水悬挂在岩石上形成瀑布，所依托的东西不同，名称也不一样。这就是交友的可贵之处。

评 析

所谓“近朱者赤，近墨者黑”，朋友的好坏将直接影响到我们自己，甚至可以说这是人一生成败的关键。好的朋友能够与我们患难与共，能够在我们需要的时候，给予帮助和激励，不仅能够成为我们情感的慰藉，也能成为我们事业成功的基石。相反，如果交友不慎，他有可能会把我们引入歧途，成为我们一生永远的痛。

正如南北朝时期著名文学家颜之推在《颜氏家训》中写的那样：“与善人居，如入芝兰之室，久而自芳也；与恶人居，如入鲍鱼之肆，久而自臭也。”可见，择友是十分重要的。

第七三则

原 典

大家之文，吾爱之慕之，吾愿学之；名家之文，吾爱之慕之，吾不敢学之。学大家而不得，所谓刻鹄不成尚类鹜[①]也；学名家而不得，则是画虎不成反类狗矣。

原 评

黄旧樵曰：我则异于是，最恶世之貌为大家者。

殷日戒曰：彼不曾闯其藩篱，乌能窥其阃奥[②]，只说得隔壁话耳。

张竹坡曰：今人读得一两句名家，便自称大家矣。

王安节曰：大家是学问，名家是才华。[③]

注 释

① 刻鹄不成尚类鹜：指画天鹅不成，倒有些像鸭子。比喻仿效失真，适得其反，也指比喻模仿得虽然不逼真，但还相似。

② 阃奥：指内室深处，比喻隐微深奥的境界。

③ 此则评语据清刊本补。

译 文

著名作家的文章，我喜欢它、羡慕它，我愿意学习它；有专长且自成一家的作家的文章，我喜欢它、羡慕它，却不敢去学习它。

学习著名作家的文章不能得到，雕刻不成天鹅尚且可以成鸭子；学习有专长且自成一家的作家的文章不能得到，就是画虎不成反像狗了。

评 析

在进行文学创作的过程中，无论是大家还是名家的作品，都是我们学习和效仿的榜样。从这些优秀而经典的作品中，我们能够汲取到丰富的营养，获得创作指导。所以，我们在进行文学创作的初期常常会以某位大家或名家的作品作为学习的榜样。当然，大家和名家的层次和水平还是有一定区别的，因此相对应的学习方法也会有所不同。

在这里，作者就对学习大家和名家作品的问题进行了自己的阐释。作者认为，大家是已经得到大多数人肯定和认可的作家，他们的作品已经具备了成熟的风格，因此学习他们的作品，即使是达不到他们那样的水平和层次，也不至于一无是处，至少有亮点和值得肯定的地方。

但是，对于名家的作品，作者虽然也非常喜欢和羡慕，却不敢去学习。因为，名家的作品自成体系、个性鲜明，难以效仿。所以，对于名家的作品，如果贸然去学习和效仿，倘若达到不到名家的水准，很有可能会适得其反。

第七四则

原典

由戒[1]得定，由定[2]得慧[3]，勉强渐近自然；炼精化气，炼气化神，清虚有何渣滓。

原评

袁中江曰：此二氏[4]之学也。吾儒何独不然？

陆云士曰：《楞严经》《参同契》精义尽涵在内。

尤悔庵曰：极平常语，然道在是矣。

注释

① 戒：戒律，旨在防止学佛者言语、行为和思想三方面的过失。

② 定：禅定，意为摒除杂念，专心致志。

③ 慧：智慧，即能够摒除一切烦忧和欲望。

④ 二氏：指佛教和道教。

译 文

由防止错误到心神专注，由心神专注到摒除一切烦忧、欲望，渐修渐进就能进入空灵超越的境界；炼精气而化为元气，炼元气而化为元神，达到清虚无染的境界，就不会再有任何糟粕了。

评 析

作者的这段文字论述了佛教以及道教的一些教义和修炼之理。首先，作者讲述了关于学佛者必须要修持的三种基本学业，即戒、定、慧。其中，“戒”也就是戒律，目的是防止学佛者言语、行为和思想三方面的过失。而且，恪守戒律、完善道德品行，是学佛者要进入的第一个层次。做到“戒”之后，就是“定”。所谓“定”即是“禅定”，也就是说要能够摒除杂念，专心致志，如此修行，方能够进入学佛者的第二个层次和境界。做到了“定”之后，就是“慧”。所谓“慧”即是智慧，也就是说能够摒除一切的烦忧和欲望，有厌、无欲、见真，获得智慧解脱。这就是学佛者的第三个层次。学佛者这一步步走来，也就能够逐渐进入空灵超越的境界，达到不为外物所累的自然状态。

接着，作者在后半句讲述了道教的修炼之理：精、气、神。实际上，道教是以修仙为终极目标的，而他们认为要达成所愿，就要经历“炼精化气，炼气化神”的一个过程。其中，“精”就是生命之体的始基；“气”就是维持生命活动的动力和功能；“神”就是生命现象的总括，在外表现为生命的象征，在内表现为生命的主宰。

道教向来主张顺生天地万物，加上其内丹有“虚化神、神化气、气化精、精化形”之说，所以，道教的返璞归真、结丹成仙之论，便是要“炼精化气，炼气化神”，并由此而归于大道，使得自己不受尘世污染，没有任何沉滓。

由此看来，佛、道两教在终极目标的追求上是相互影响和渗透的。

第七五则

原 典

南北东西，一定之位也；前后左右，无定之位也。

原 评

张竹坡曰：闻天地昼夜旋转，则此东西南北亦无定之位也。或者天地外贮此天地者，当有一定耳。

译 文

南北东西，有固定的方位；前后左右，没有固定的方位。

评 析

人们在研究机械运动时，常常会选定一些物体作为参照物，以此来判断要研究的物体的运动状态。如果选定的参照物不同，那么结果也会不同。而作者在这里阐释的内容其实也包含了类似的道理。

只不过，作者这里所说的是方位变与不变的问题。

东、南、西、北四个方位是固定不变的，而前、后、左、右就不同了。因为前、后、左、右是以人作为参照物的，而人的位置是随时变化的。所以，前、后、左、右所指的方向也会跟着人体朝向的变化而变化。

第七六则

原 典

予尝谓二氏不可废，非袭夫大养济院[①]之陈言也。盖名山胜境，我辈每思褰裳就之，使非琳宫梵刹[②]，则倦时无可驻足，饥时谁与授餐。忽有疾风暴雨，五大夫果真足恃乎？又或丘壑深邃，非一日可了，岂能露宿以待明日乎？虎豹蛇虺，能保其不为人患乎？又或为士大夫所有，果能不问主人，任我之登陟凭吊而莫之禁乎？不特此也，甲之所有，乙思起而夺之，是启争端也。祖父之所创建，子孙贫，力不能修葺，其倾颓之状，反足令山川减色矣！然此特就名山胜境言之耳。即城市之内，与夫四达之衢，亦不可少此一种。客游可作居停，一也；长途可以稍憩，二也；夏之茗、冬之姜汤，复可以济役夫负戴之困，三也。凡此皆就事理言之，非二氏福报之说也。

原评

释中洲曰：此论一出，量无悭檀越③矣。

张竹坡曰：如此处置此辈甚妥。但不得令其于人家丧事诵经、吉事拜忏、装金为像、铸铜作身，房如宫殿、器御钟鼓，动说因果。虽饮酒食肉、娶妻生子，总无不可。

石天外曰：天地生气④大抵五十年一聚。生气一聚，必有刀兵、饥馑、瘟疫，以收其生气。此古今一治一乱必然之数也。自佛入中国，用剃度出家法绝其后嗣，天地盖欲以佛节古今之生气也。所以，唐、宋、元、明以来，剃度者多而刀兵劫数稍减于春秋、战国、秦、汉诸时也。然则佛氏且未必无功于天地，宁特人类已哉。

注释

① 养济院：我国古代收养鳏寡孤独、贫民乞丐的场所，由朝廷出资修建。

② 琳宫梵刹：道观、佛寺。

③ 檀越：指佛教中向寺院施舍财物、饮食等物资的世俗信徒。

④ 生气：使万物生长发育之气。

译文

我曾经说佛、道两教不可以被废掉，并不是沿袭大养济院的旧话。有名气的山川和壮丽的景致，我们这些人常常想着去攀登周游。假使没有道观、寺院，那么疲倦时就没有停下来休息的地方，饥饿时有谁给你提供饭菜。忽然遇见暴风骤雨，松树果真能够抵挡得住吗？又或者身处幽深的山谷，不是一天可以游览到的，难道可

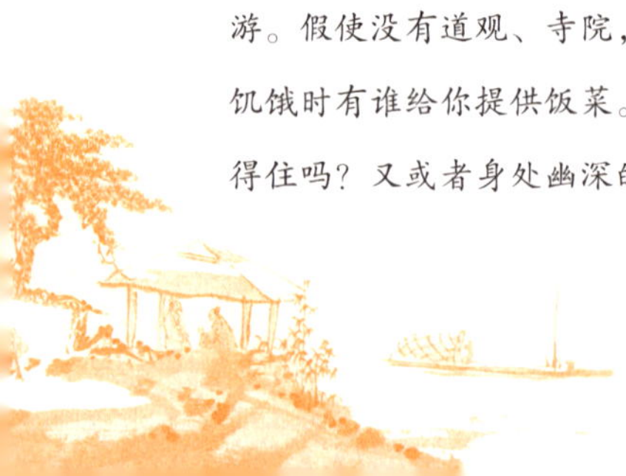

以露宿山中等待第二天吗？对于虎豹蛇虫，能够保证它们不给人带来危害吗？又或者这些为官僚所有，果真能不询问主人，任凭我们攀登和追怀古人遗迹而不加禁止吗？不仅是这些，甲方所拥有的，乙方想占有就动手去夺取它，因此引起争端。祖辈创建的产业，子孙时变得贫穷，没有财力修缮整理，这些道观、佛寺倾斜倒塌的样子反而使山川名胜逊色不少。然而这只是就名山胜景来说的。即使在城市之内，四通八达的道路旁，也不可缺少这种道观、寺院。一是可以作为游客居住的地方；二是在长途跋涉时可以稍事休息；三是夏天有清茶、冬天有姜汤，还可以接济那些服役之人的负重之苦。所有这些都是用事实来说话的，不是佛、道两教的福报的说法。

评 析

作者在这段文字里讲述了有关佛、道的一些问题，当然所谈论的并非是它们的教义，而是从现实生活的需要入手，来分析佛寺、道观不可废除的原因。为此，作者特意列举了一系列的佛寺、道观存在的必要性。

当然，作者还写到了一些不太尽如人意的地方。比如，如果这些佛寺、道观被那些官绅霸占，那么文中所说的便利也就不复存在了。而且，即便这些佛寺、道观不为官绅拥有，如果被个人所拥有，也会引发争端，若再加上子孙家贫无力修缮，也必然会有损名胜古迹的景致。

第七七则

原典

虽不善书，而笔砚不可不精；虽不业医，而验方不可不存；虽不工弈，而楸枰①不可不备。

原评

江含徵曰：虽不善饮，而良酝不可不藏，此坡仙②之所以为坡仙也。

顾天石曰：虽不好色，而美女妖童③不可不蓄。

毕右万曰：虽不习武，而弓矢不可不张。

注释

① 楸枰：指用楸木做的珍贵棋盘。据说，古时都用楸枰木做棋盘，后用楸枰专指棋盘，也指下棋。

② 坡仙：苏轼，北宋文学家、书画家，唐宋八大家之一。

③ 妖童：俊美清秀的少年，多指男色。

译文

虽然不擅长书法，但毛笔、砚台不可以不精良；虽然不从事医道，但有疗效的药方不可以不收存；虽然不精通棋艺，但楸木制作的棋盘不可以不具备。

评 析

古代文人大多富有才情，但即使是那些稍微逊色的文人骚客，也十分重视风雅之事：一来是为了炫耀；二来是借此来显示自己的学识和修养，以博得个好名声。“文房四宝”是文人日常诗文创作的基本工具，也是显示其旨趣、审美的直观体现。一套上好的笔、墨、纸、砚，能够从无形中增添文人的优雅气质、韵味，使得陋室生香。磨墨铺纸、挥毫泼墨之间，文人的豪情、兴致也不知不觉地彰于人前。

而“文人四艺”琴、棋、书、画，就更是如此了。这四门艺术对于文人来说皆是风雅之事。对此，唐人何延之曾说道：“袁辩才博学工文，琴棋书画，皆得其妙。”因此，自古以来，这四门艺术便是古代文士之必修。而且，若有友人造访，对弈一番也是一大乐事。当然，除此之外，有疗效的药方也是必不可少的。毕竟，人有旦夕福祸，疾病总是不期而至，若是备有一些疗效好的药方，便能够解燃眉之急，也能救人于病痛之中，可谓一举两得。所以，即使不从事医道、不擅长医术，一些疗效好的药方还是要储备收藏的。

第七八则

原 典

方外[①]不必戒酒，但须戒俗；红裙[②]不必通文，但须得趣。

原评

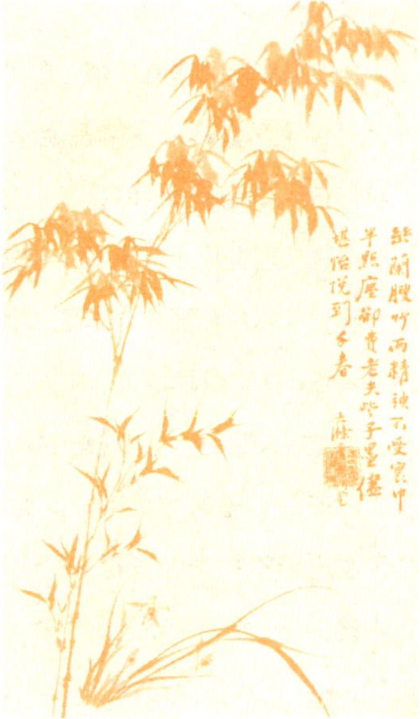

朱其恭曰：以不戒酒之方外，遇不通文之红裙，必有可观。

陈定九曰：我不善饮，而方外不饮酒者，誓不与之语。红裙若不识趣，亦不乐与近。

释浮村曰：得居士此论，我辈可放心豪饮矣。

弟东囿曰：方外并戒了化缘方妙。

注释

① 方外：世俗之外，世外，指僧、道。

② 红裙：红色的裙子，这里指美女。

译文

僧人、道士不一定要戒酒，但必须要戒除世俗；美女不一定要精通文章，但必须得识趣。

评析

僧、道向来是以超凡脱俗而为人称道的，他们追求的是一种无欲无求的境界。而这种观念、追求和世俗的纷扰杂念是截然相对的、格格不入的。作者认为，作为僧、道，可以不必戒酒，但必定要戒俗。

因为，酒只是外在的形式，俗事、俗念才是僧、道修行时所要摒弃和抛却的。酒本身并没有什么过错和罪恶，而是喝酒之后容易犯下罪恶。

接着，作者又写道，美人不一定要精通文章，但是一定得识趣。这句话是作者对女性持有的观点。其实，这不仅仅是作者的观念，在男尊女卑的封建社会，女子向来被视为男子的附属物，她们的存在就是为了取悦男子并肩负起传宗接代的任务。所以，作者认为诗词文章之事与女子没有多大关系，她们只要识趣就足够了。

第七九则

原 典

梅边之石宜古，松下之石宜拙，竹旁之石宜瘦，盆内之石宜巧。

原 评

周星远曰：论石至此，直可作九品中正[①]。

释中洲曰：位置相当，足见胸次。

注 释

① 九品中正：指魏晋南北朝时期的一种官吏选拔制度。又称为“九品官人法”。

译 文

梅树旁边的石头适宜古雅，松树下面的石头适宜粗拙，竹子旁边的石头适宜瘦削，花盆内的石头适宜纤巧。

评 析

物与物之间的搭配契合需要有别出机杼的匠心，需要有非同凡俗的鉴赏审美能力。只有这样才能使单调的东西展现出最佳的神韵，营造出一种脱俗的雅致和意趣。

可见作者在造景设物方面是十分讲究内外和谐搭配的，外在的形式只有体现出其内在的神韵，才不显得突兀。

第八〇则

原 典

律己宜带秋气，处世宜带春气。

原 评

孙松楸曰：君子所以有矜群[①]而无争党[②]也。

胡静夫曰：合夷[③]惠为一人，吾愿亲炙之。

尤悔庵曰：皮里春秋[④]。

注释

① 矜群：矜，庄重自持；群，合群，团结他人。

② 争党：争，争执，有所争；党，结党营私。

③ 夷：伯夷。

④ 皮里春秋：指藏在心里不说出来的言论。

译文

要求自己应该要有秋天的严厉，对待别人要有春天般的温和。

评析

“严以律己，宽以待人”体现着一种高尚的道德品质。在待人接物过程中，严格要求自己，宽以待人，推己及人，不求全责备，得饶人处且饶人，多一些理解和包容，更能使人与人之间的关系变得和谐、融洽。

第八一则

原典

厌催租之败意，亟宜早早完粮；喜老衲[1]之谈禅，难免常常布施。

原 评

释中洲曰：居士辈之实情，吾僧家之私冀，直被一笔写出矣。

瞎尊者曰：我不会谈禅，亦不敢妄求布施，惟闲写青山卖耳。

注 释

① 老衲：老僧。

译 文

讨厌收租催债破坏意兴，最好早早把租税交完；喜欢僧人谈经说禅，就免不了常常施舍些财物。

评 析

地租是封建社会剩余劳动的主要表现形式。可以说，收租人催交地租在封建社会是再常见不过的场景。作为催租人来说，他们希望农户们都能够尽早并足量地上缴地租，以免自己费心费力地催租，败坏了自己悠闲娱乐的兴致。

可是对于农户来说，交租就不是那么轻松的一件事了。在封建社会，生产力低下，农户的收成本就不好，加上地主又不管当年的年景如何，上缴的地租比例又大，因此农户们大都是交了地租就所剩无几了，甚至生计都很难维持。所以，交租对于农户来说，每年都是一个坎。为了交租，不知有多少人被弄得妻离子散、家破人亡。

显然，作者对这样的交租悲剧是没有丝毫认识的，他作为清朝的士大夫，对于农户的疾苦和难处也是无法了解的。他笔下的收租人只是厌恶收租催债破坏了自己的兴致，希望农户能够早早交完，从而做

一些自己喜欢做的事情。作者不知道，这看似轻松的话，对农户来说是何等的艰难。这就是封建制度社会不公平的体现，高高在上的统治阶级从来不会过问下层人民的死活，他们想的只是玩乐。

而且，作者家财丰裕，喜欢听僧人谈经说禅，因而常常会施舍一些财物给他们。这对作者来说无疑是一件轻松悠闲的事情，他也全然不在乎施舍的那些财物。但是从他的这份轻松悠闲中，我们却能够鲜明而深刻地感受到下层人民遭受的苦难以及作者对下层人民的冷漠和无知。

第八二则

原典

松下听琴，月下听箫，涧边听瀑布，山中听梵呗[①]，觉耳中别有不同。

原评

张竹坡曰：其不同处，有难于向不知者道。

倪永清曰：识得“不同”二字，方许享此清听。

注释

① 梵呗：佛教谓作法事时的歌咏赞颂之声。

译 文

在松树下听琴声，在月光下听箫声，在山涧边听瀑布激流的声音，在深山中听僧人诵经的声音，总觉得有不同的感受。

评 析

在作者的笔下，乐声是充满妙趣的。松树下听琴声，松树的高洁伟岸与琴声的悠扬淡雅相映成趣，配合在一起给人一种脱离了尘世、步入世外桃源的感觉；月光下听箫声，在月色朦朦胧胧的映照下，箫声会更显得深沉、清幽，有种触之可及的凄美之感；山涧边听瀑布激流的声音，山涧本来幽静、沉寂，激荡人心的巨大轰鸣声在这山涧之中响起的时候，整个大自然的活力和气势就瞬间呈现出来了；深山中听僧人诵经的声音，深山幽深静谧，此时响起僧人的诵经之声，禅音袅袅，不禁让人更能领会禅音的妙趣和韵旨，使人反复回味，顿时心神清明。

第八三则

原 典

月下听禅，旨趣益远；月下说剑，肝胆益真；月下论诗，风致益幽；月下对美人，情意益笃。

原评

袁士旦曰：溽暑中赴华筵，冰雪中应考试，阴雨中对道学先生[1]，与此况味何如？

注释

① 道学先生：指思想、作风特别迂腐古板的读书人。

译文

月光下听禅经要义，旨意趣味更加深远；月光下谈论剑术，侠肝义胆更加真实；月光下谈论诗词，风韵兴致更加幽雅；月光下面对美人，情意更加忠实。

评析

月亮是悬挂在中国古典诗文上空的一颗璀璨的明珠。自《诗经》开始，历代文人雅士、诗词能手便与月亮结下了不解之缘，以至于今日，我们对于月亮仍有一份独特的情感，每每抬头看见月亮，都会禁不住思绪纷飞，引出诸多想象。而作者对月亮也有一份难以诉说的情愫，他把众多的事物场景都在月光之下铺张开来，别有一番风味，真可谓深得月之妙趣。

第八四则

原 典

有地上之山水，有画上之山水，有梦中之山水，有胸中之山水。地上者，妙在丘壑深邃；画上者，妙在笔墨淋漓；梦中者，妙在景象变幻；胸中者，妙在位置自如。

原 评

周星远曰：心斋《幽梦影》中文字，其妙亦在景象变幻。

殷日戒曰：若诗文中之山水，其幽深变幻更不可以名状。

江含徵曰：但不可有面上之山水。

余香祖曰：余境况不佳，水穷山尽矣。

译 文

有大地上的山水，有画中的山水，有梦中的山水，有胸怀中的山水。地上的山水，妙在丘陵沟壑，深幽陡峭；画上的山水妙在笔墨洒脱，酣畅淋漓；梦中的山水，妙在景象变幻无穷；胸中的山水，妙在可以自由组合，随心所欲。

评 析

“山水之美，古来共谈。”可见，山川风物之美历来被人们所欣赏、咏叹。山水之美能够让人沉醉其中，达到内心宁静，从而暂时忘掉忧愁，只在乎眼前那鬼斧神工、自然天成的山水画卷。

作者写道，山水有地上之山水，有画中之山水，有梦中之山水，有胸中之山水。其中，地上之山水即自然之山水，也就是我们每个人都能够看到的自然界造就的山水风物。山脉高耸，深沟巨壑，幽远陡峭，妙在其自然天成。

而画中之山水作为地上之山水的笔墨体现，同样具有无限的韵味。在经过绘画者精心地提炼、泼墨、表现之后，自然山水景观就浮现在画纸之上。因而，画中之山水妙在笔墨酣畅。

梦中之山水有现实山水的影子，但更多的是主观想象。因而，梦中之山水往往是不拘一格、变幻无穷的，有时甚至是没有章法的。所以，梦中之山水是自我的主观再造，妙就妙在景象的变幻。

另外，胸中之山水和梦中之山水虽有相似之处，但也有不同。胸中之山水并非是随意地创作和加工，而是自己主观意志、理想、信念的一种表达，它的妙处就在于山水的位置可以主观地随意安放而不受拘束。看来，山水这种客观景物，在人们的心里是姿态万千的。

第八五则

原典

一日之计种蕉，一岁之计种竹，十年之计种柳，百年之计种松。

原评

周星远曰：千年之计，其著书乎？

张竹坡曰：百世之计种德。

译文

一天的计划就种植芭蕉树，一年的计划就种植竹子，十年的计划就种植柳树，一百年的计划就种植松树。

评析

规划和安排是十分重要的，古人也十分强调计划的重要性。所谓“凡事预则立，不预则废”，其实就说明了计划的必要性。如果没有做计划的习惯，凡事只注重眼前，那么一旦遇到紧急情况就会手足无措。所谓“人无远虑，必有近忧”，做好充分的准备，及早做出安排，那么很多问题就会迎刃而解，很多麻烦就能有效地规避。

事实上，作者这样说是和这些树木的特性有关的。芭蕉树茎的分生能力很强，适应性也较强，生长迅速，并且具观赏价值，故而，作者认为，如果计划只有一天，可以种植芭蕉树。而如果计划是一

年的话可以种竹子，因为竹子是一年成材的植物，并且四季常青，生机勃勃。柳树要十年才能够长成材，形成硕大的柳树荫，供人们在夏日的午后乘凉休息，所以作者认为，如果计划有十年就种植柳树。松树的生长周期很长，种植松树实际上是为后世子孙造福，所以作者说，如果计划有一百年就种植柳树。

第八六则

原典

春雨宜读书，夏雨宜弈棋，秋雨宜检藏，冬雨宜饮酒。

原评

周星远曰：四时惟秋雨最难听，然予谓无分今雨旧雨，听之，要皆宜于饮也。

译文

春天下雨时适宜读书，夏天下雨时适宜下棋，秋天下雨时适宜检点收藏，冬天下雨时适宜饮酒。

评析

春雨大都细腻缠绵，给人以欣欣向荣、清新舒适之感。这个时候，静坐家中，最适宜的莫过于翻阅诗词文章、读经论史，从诗书文章中感受静谧和安宁。

夏雨大都是狂风骤雨型的，而且往往伴有电闪雷鸣，来得猛烈而突然，让人很难能够安静下来。而此时下棋就是很好的调节方式，在下棋的过程中，我们的心会逐渐平稳下来，得到舒缓，性情也会得到陶冶。

秋雨有时淅淅沥沥，有时咆哮着降临。一场秋雨一场寒，此时天气也会越发地凉。这样的天气最适合翻检旧日收藏的物品，回首往事也能冲淡愁绪。

冬季的时候，雨大都很少露面，此时天寒地冻，天气寒冷，偶尔下一场雨也透出一股刺骨的寒意。这个时候最适宜的活动就是待在家里饮一壶热酒，既能暖身驱寒，又可助人雅兴，着实是一件十分畅快的事。

实际上，下雨无非是一种自然现象，而作者对春夏秋冬的雨的特点以及相契合的活动进行了如此详细论述，可见，作者的生活是十分闲适的。

第八七则

原 典

诗文之体得秋气为佳，词曲之体得春气为佳。

原评

江含徵曰：调有惨淡悲伤者，亦须相称。

殷日戒曰：陶诗①、欧文②亦似以春气胜。

注释

① 陶诗：陶渊明的诗。

② 欧文：欧阳修的文章。

译文

诗歌、文章这两种文体，带有秋天的悲凉、肃杀之气为好；词和曲这两种文体，具有春天的温暖、蓬勃之气为好。

评析

“诗言志”，这是我国古代文论家对诗歌本质特征的认识，也说明了诗歌表现作者思想的性质。人们内心的志向、意念都可以通过诗歌来表达。而且，在古代文人的眼中，诗歌以庄重蕴藉为正宗，属于雅文学。比如，孔子以“无邪”来概括《诗经》的思想内容，就强调了诗歌的思想感情必须归于雅正。

而对此，闻一多先生在其文章中也写道：“诗——抒情诗，始终是我国文学的正统类型……维系封建精神的礼乐，开发礼乐意义的是诗，所以诗支撑了整个封建时代的文化。”也正是因为这样，作者才写道，诗文应具有秋气为好，其秋气就是指严肃、深沉，不轻佻。因此，诗写愁苦、哀伤，反映现实的居多。

但词、曲就大不相同。其中，词又称为“诗余”，也就是诗之余绪，就此即可见人们对词的轻视。而且，词、曲大都通过歌女来传唱，常在人们对酒当歌之际。因此，词曲多写艳情，且用语直白明快，是俗文学，被视为“小道”“艳科”，难登大雅之堂。

所以，作者在这里写道，词和曲这两种文体具有春气为佳。而所谓春气，其实也就是欢愉、灵巧，以赏心悦耳、取悦于人为目的。

这段文字虽然简短，却反映出了作者对诗、文、词、曲的态度和立场。实际上，作者的这种观点是有失偏颇的。在古代，诗、文虽然受到人们的重视，但是词、曲亦有其独到之处，也是我国文学史上浓墨重彩的一笔。

第八八则

原 典

抄写之笔墨，不必过求其佳，若施之缣素[1]，则不可不求其佳；诵读之书籍，不必过求其备，若以供稽考[2]，则不可不求其备；游历之山水，不必过求其妙，若因之卜居[3]，则不可不求其妙。

原 评

冒辟疆曰：外遇之女色，不必过求其美，若以作姬妾，则不可不求其美。

倪永清曰：观其区处条理所在，经济[4]可知。

王司直曰：求其所当求，而不求其所不必求。

注 释

①缣素：细绢，可供书画。

②稽考：查考，考核。

③卜居：择地居住。

④经济：经国济民。

译 文

抄抄写写所用的笔墨，不必过于追求它质量好，如果在白绢上书写，就不可不追求它质量上乘了；吟诵阅读的书籍，不必过于追求它的完备，如果是用来考校求证的，就不可不追求它的完备；游玩观赏的山水，不必过于追求它的美妙，如果为了择地居住，就不可不追求它的美妙。

评 析

追求完美是一个人的本性，但没有必要每件事都要求做到精益求精，尤其是那些本就无关紧要的事。如果我们在这些琐碎的小事上花费太多的时间和精力，就必然会削弱我们在重要事情上的投入。所以，我们应该有所侧重，要懂得根据自己的需要来选择、安排和分配自己的时间和精力。毕竟，一个人的精力是有限的。

第八九则

原 典

人非圣贤，安能无所不知。只知其一，惟恐不止其一，复求知其二者，上也；止知其一，因人言始知有其二者，次也；止知其一，人言有其二而莫之信者，又其次也；止知其一，恶人言有其二者，斯下之下矣。

原 评

周星远曰：兼听则聪，心斋所以深于知也。

倪永清曰：圣贤大学问，不意于清语[①]得之。

注 释

① 清语：清雅的言谈议论，即清谈高论。

译 文

人不是圣贤，哪能什么都知道呢。只知道其中之一，还怕不只是这一点，又求取另外的，是上等人；只知道其中之一，因为听别人说才知道还有其他的人，是次等人；只知道其中之一，别人说还有其他的但不相信的人，是更次等的人；只知道其中之一，厌恶别人说还有其他的人，是下下等人。

评 析

学海无涯，一个人即使是耗费尽自己的全部生命去苦苦求索，也不可能把所有的知识和学问都收入囊中。更何况，我们还有很多其他的事情需要处理，也不可能把所有的时间和精力都放在猎取知识上。所以，听取他人的意见和观点就成为一个人获取知识和信息的重要途径。而对此，作者举出了在生活中获取知识的几类人，供大家参考。

首先，作者认为，知道其中的一点，又能积极主动地向他人去寻求其他内容的人，是最好的寻求知识的人。因为，他们永远不满足已有的知识，总是孜孜以求，希望掌握得更多。而知道了其中的一点，然后又等着从他人那里听取其他方面内容的人，是稍微逊色一点的寻求知识的人。因为，这种人对寻求知识并没有那么积极，只是被动、缓慢地从别人那里获取知识。这样的效果是较差的。

第三种人是只是知道了其中的一点，而对于别人说起的其他内容却拒绝相信的人，这是更次一等的人。因为这种人故步自封，拒绝听取他人的意见和观点，只能裹足不前。

最后是作者眼中最次等的人，他们只是知道了其中的一点，就认为已经掌握了全部，而对于他人所知道的内容感到厌恶，心生排斥。这种人自以为是，狂妄自大，又不懂得开拓新的知识，接受别人的观点，还十分嫉妒别人超过自己。所以，这种人对于寻求知识来说是最次等的。

我们要积极地从他人那里获取知识和信息，从而弥补自身的不足，逐渐完善自己的知识结构，从而使自己更好、更快地获得成长的动力。相反，故步自封或是不思进取都会使自己逐渐成为孤陋寡闻的人。

第九〇则

原 典

史官①所纪者，直世界也；职方②所载者，横世界也。

原 评

袁中江曰：众宰官③所治者，斜世界也。

尤悔庵曰：普天下所行者，混沌世界也。

顾天石曰：吾尝思天上之天堂何处筑基，地下之地狱何处出气，世界固有不可思议者。

注 释

① 史官：古代朝廷中主管文书、典籍，并负责修撰前代史书和搜集记录当代史料的官员。

② 职方：周代官名。《周礼》夏官所属有职方氏，主管天下地图和四方职责。

③ 宰官：特指县官。

译 文

史官所记载的是一个纵深的世界；地方官所记载的是一个横向的世界。

评 析

历史是一件严肃的事情，是我们能够知晓那个时代的重要参考和佐证，但是对不同的记录者来说其结果却是千差万别的。对于记录史实的史学家来说，他们是以历史的眼光，截取历史长河中的某段史实作为依据来进行记载和论说的。

比如，西汉著名史学家司马迁的《史记》记载了上至上古传说中的黄帝时代，下至汉武帝太初年间共三千多年的历史。东汉著名史学家班固的《汉书》记载了上自汉高祖元年，下至王莽地皇四年，共两百三十年的历史。

通过这些历史记录，我们能够看到上下几百年甚至是几千年的历史风云、王朝兴衰更替，也可以看到不同朝代的名臣大儒和一些有关经济的、政治的抑或是文化的大事件。我们还能够从中发现历史的发展脉络，从而对历史的发展和变化形成一个大致的认识。因此，史学家笔下的史书是对历史的垂直记录，是纵向的历史。故而作者称其为“直世界”，而地方官员所记载的是某个王朝特定时期的风土人情、地域风物、名胜古迹，或是具有影响力的大事件。这些史实的描绘，能够让我们对当时那个朝代的经济、政治、文化、民生以及疆域状况有一个全面的了解和认识，呈现给我们的是一个横向的历史场景，是历史长河中的一个横断面。因此，作者将其称为“横世界”。

第九一则

原 典

先天八卦[①]，竖看者也；后天八卦[②]，横看者也。

原 评

吴街南曰：横看竖看，皆看不着。

钱目天曰：何如袖手旁观？

注 释

① 先天八卦：又称伏羲八卦，传说是由距今七千年的伏羲氏观物取象所作。

② 后天八卦：又称文王八卦，是一个图文并茂的、用来占卜的古代术语。

译 文

先天八卦，是竖着看的；后天八卦，是横着看的。

评 析

“太极生两仪，两仪生四象，四象生八卦，八卦定吉凶。”这是人们对八卦的一般认识。事实上，八卦作为古人用来占卜的一种方法，可分为先天八卦和后天八卦两种。其中，先天八卦是距今七千年的伏羲氏观物创制的。卦序是：一乾、二兑、三离、四震、五巽、六坎、七艮、八坤。而八卦体现的是阴阳相对的关系，就八卦图的方位而言，离在西表示日，坎在东表示月。日指阳，月指阴，由阴到阳，即由东到西，因此先天八卦是要竖着看的。

而后天八卦是周文王创制的，它在伏羲先天八卦的基础上又有了新的发展和变化。在后天八卦中，按顺时针方向依次为巽卦，东南；离卦，正南；坤卦，西南；兑卦，正西；乾卦，西北；坎卦，正北；艮卦，东北。可见，离在南，坎在北。由离到坎，由阳到阴，呈竖线状，因此后天八卦是要横着看的。

第九二则

原 典

藏书不难，能看为难；看书不难，能读为难；读书不难，能用为难；能用不难，能记为难。

原 评

洪去芜曰：心斋以能记次于能用之后，想亦苦记性不如耳。世固有能记而不能用者。

王端人曰：能记、能用，方是真藏书人。

张竹坡曰：能记固难，能行尤难。

译 文

收藏书籍不难，能看完才困难；看完藏书不难，能把藏书吟读下来才困难；把藏书吟读下来不难，能使用它们才困难；使用它们不难，能记住才困难。

评 析

读书能够锤炼我们的心性，陶冶我们的情操，让我们在纷繁复杂的社会中保持一份淡定，不再浮躁，懂得沉淀。在书籍的滋养下，我们会不断地获得成长的动力，从而受益终生。

事实上，要想达到应有的效果和目的，就要真正地读进去，理解并融会贯通，这样阅读才不会是一个僵化的机械的过程，才不会徒劳无功。

作者写道，要购买和收藏图书并不难，但是要切实地去看而不是将之束之高阁，就不那么容易了。阅读需要我们花费时间和精力，放下手中繁杂的事务，寻找一个心灵的安静之所。而更难的是能够将学到的知识付诸实践，学以致用，而非照搬教条成为书呆子。

可见，读书看似简单，但若是要真正发挥读书的效用却绝非易事。为了装点门面者不可，走马观花者不可，不求甚解者不可，死记硬

背者不可，唯有落实到学以致用，才算是真正从书籍中汲取到营养。

第九三则

原典

求知己于朋友易，求知己于妻妾难，求知己于君臣则尤难之难。

原评

王名友曰：求知己于妾易，求知己于妻难，求知己于有妾之妻尤难。

张竹坡曰：求知己于兄弟亦难。

江含徵曰：求知己于鬼神则反易耳。

译文

在朋友中寻求知己容易，在妻妾之中寻求知己困难，在帝王大臣中寻求知己尤其难上加难。

评析

千金易得，知己难求。正如清代著名小说家曹雪芹先生在《红楼梦》中写道：“万两黄金容易得，知心一个也难求。”

而作者认为，在朋友之中寻找知己算是比较容易的，在妻妾之中寻找知己是比较困难的，而在帝王大臣之间寻找知己则是难上加难。究其原因，与朋友相比，妻妾与自己的利益相关，且是以“父母之命、媒妁之言”而缔结婚姻，加上古时男尊女卑的观念根深蒂固，古人与妻妾之间缺乏必要的了解和沟通，妻妾更多的是为了取悦男子而已。所以，在妻妾之中寻找知己是比较困难的。

但是要在帝王大臣之间寻找知己就更加困难了。在封建社会，等级观念严苛，所谓君君臣臣、父父子子，不能有一点的逾越，况且帝王拥有至高无上的权力，生杀予夺，故而君臣之间毫无平等可言，也就不可能做到真诚理解、相知相惜。相反，臣子稍有不慎或是有什么不当之举，还会招来杀身之祸。所谓伴君如伴虎，在君臣之间寻求知己几乎是不可能的一件事。所以，帝王向来是孤家寡人，别说寻求知己，就算是交朋友也是极难之事。

第九四则

原 典

何谓善人？无损于世者，则谓之善人；何谓恶人？有害于世者，则谓之恶人。

原评

江含徵曰：尚有有害于世而反邀善人之誉。此实为好利而显为名高者，则又恶人之尤。

译文

什么样的人可称为善人？对世人没有损害的人，则称为善人；什么样的人可称为恶人？对世人有损害的人，则称为恶人。

评析

作者界定善恶的标准让我们体会到了“以法治人”的意味。而这个“法”就是有没有对社会和世人造成损害。

因此，作者的观点是有一定的进步性的。但是就我们今天来说，还有着明显的不足和缺陷。首先，善人要有正确而强烈的是非观念，要能够理智地控制自己的言行举止，抵挡住不良的诱惑，要具备良好的修养和操守，还要有奉献和服务精神。如此，才能称之为善。

第九五则

原 典

有工夫读书谓之福，有力量济人谓之福，有学问著述谓之福，无是非到耳谓之福，有多闻直谅[1]之友谓之福。

原 评

殷日戒曰：我本薄福人，宜行求福，事在随时儆醒而已。

杨圣藻曰：在我者可必，在人者不能必。

王丹麓曰：备此福者，惟我心斋。

李水樵曰：五福骈臻固佳，苟得其半者，亦不得谓之无福。

倪永清曰：直谅之友，富贵人久拒之矣，何心斋反求之也？

注 释

① 多闻直谅：指正直诚实，学识广博。

译 文

有工夫读书是福，有能力接济别人是福，有学识著书立说是福，没有听到是非之事是福，有正直、诚实、学识广博的朋友是福。

评 析

人若有幸能够去做自己喜欢的、使自己受益的事情，便是有福之人。

不过，每个人的追求和目标不同，因而对福气的具体定义也就不同。在有的人看来，健康是福气，而有的人认为开心、快乐就是福气。

而作者认为，有工夫读书是福，有能力去接济别人是福，有能力著书立说是福，没有是非之事打扰是福，有正直、诚实、学识广博的朋友是福。当然，作者之所以认为这些是有福之事，也是基于当时的社会环境和自身体验来说的。

生活在烦琐杂乱的世俗之中，很多人忙忙碌碌，无暇他顾，而能够有时间去读书，与智者展开一场心灵的对话，并在其中增长知识、陶冶情操，着实是一种享受，令人神往。而有能力去接济别人，不用为生计而烦忧，也是一种福分。同时，能够著书立说，立言传世，抒发自己的情志，也是人生一大幸事。

另外，没有是非打扰，两耳清净，确实十分难得。而有学识广博的朋友在侧，时时提醒自己，使自己不断得到发展和完善，更是人生一大乐事、福事。

第九六则

原　典

人莫乐于闲，非无所事事之谓也。闲则能读书，闲则能游名胜，闲则能交益友，闲则能饮酒，闲则能著书，天下之乐孰大于是?

原 评

陈鹤山曰：然则正是极忙处。

黄交三曰：闲字前有止敬功夫[1]，方能到此。

尤悔庵曰：昔人云忙里偷闲。闲而可偷盗，亦有道矣。

李若金曰：闲固难得，有此五者方不负闲字。

注 释

① 止敬功夫：《大学》：“为人君止于仁，为人臣止于敬。”

译 文

人没有不乐于清闲的，但并非是无所事事。有空闲就能够读书，有空闲就能够游览天下有名的风景胜地，有空闲就能够结交对自己有帮助的朋友，有空闲就能够饮酒，有空闲就能够著书立说，天下快乐的事还有比得过这些的吗？

评 析

在经济快速发展的现代社会，为了生存和发展的需要，越来越多的人陷入了无休止的忙碌之中，整日疲于奔命，苦于应酬，心力交瘁，几乎没有什么空闲的时间，连陪家人的时间都少之又少。因此，人们在忙碌的时候总是希望可以有属于自己的时间可以支配，“偷得浮生半日闲”，以便能够做些自己喜欢做的事情。

而作者也表达了类似的观点。在作者看来，虽然人人都喜欢清闲，但清闲绝不是无所事事，而是能够自主地安排时间，去开展一些自己喜欢的活动。

作者写道：有空闲的时候可以读书，陶冶情操，增长知识；可以游览天下的名山大川、风景名胜；可以结交对自己有帮助的朋友，彼此倾诉衷肠；可以开怀畅饮，消愁忘忧；可以著书立说，传达自己的情志，流传于世。

作者认为这些是人世间最快乐的事情，我们也能从中十分强烈而深刻地感受到作者的向往和追求。

第九七则

原 典

文章是案头之山水，山水是地上之文章。

原 评

李圣许曰：文章必明秀，方可作案头山水，山水必曲折，乃可名地上文章。

译 文

文章是书案上的山水，山水是大地上的文章。

评 析

东晋诗人陶渊明在《饮酒》中写道：“结庐在人境，而无车马喧。

问君何能尔，心远地自偏。”真正懂得山水之美，能得山水之志趣的人，不一定要时时刻刻处在山水之间，最重要的是要有一颗时时寻觅和领悟的心。如此，即使不在山水之间，亦能够得山水之妙趣。

作者在这里把文章和山水联系在了一起。古人的文章是最讲究内蕴的，它往往具有包罗万象的作用，让人们能够透过文章，窥视作者的人生、社会面貌、不同历史时期的变化。而且，好的文章往往是妙笔天成，所以文章通乎山水。

而山水的某些属性也与文章表现出高度的契合。山水往往鬼斧神工，起伏跌宕，掩映含蓄。因此，观赏山水，就如同吟读一篇好文章，令人心旷神怡。读一篇好文章的时候，也会犹如身处山水之间，让人无限感慨。

第九八则

原 典

平上去入，乃一定之至理，然入声之为字也少，不得谓凡字皆有四声也。世之调平仄者，于入声之无其字者，往往以不相合之音隶于其下。为所隶者，苟无平上去之三声，则是以寡妇配鳏夫，犹之可也。若所隶之字自有其平上去之三声，而欲强以从我，则是干有夫之妇矣，其可乎？姑就诗韵言之，如东冬韵无入声者也，今人尽调之以东、董、冻、督。夫督之为音，当附于都、睹、妒之下。

若属之于东、董、冻，又何以处夫都、睹、妒乎？若东、都二字俱以督字为入声，则是一妇而两夫矣。夫三、江无入声者也，今人尽调之以江、讲、绛、觉，殊不知觉之为音，当附于交、绞、教之下者也。诸如此类不胜其举，然则如之何而后可？曰：鳏者听其鳏，寡者听其寡，夫妇全者安其全，各不相干而已矣。（东、冬、欢、桓、寒、山、真、文、元、渊、先、天、庚、青、侵、盐、咸诸部，皆无入声者也。屋、沃内如秃、独、鹄、束等字，乃鱼、虞韵内都、图等字之入声；卜、木、六、仆等字，乃五、歌部之入声；玉、菊、狱、育等字，乃尤部之入声。三觉、十药，当属于萧、肴、豪；质、锡、职、缉，当属于支、微、齐；质内之桔、卒，物内之郁、屈，当属于虞、鱼，物内之勿、物等音，无平上去者也。讫、乞等，四支之入声也。陌部乃佳、灰之半、开、来等字之入声也。月部之月、厥、阙、谒等及屑、叶二部，古无平上去，而今则为中州韵内车、遮诸字之入声也。伐、发等字及曷部之括、适及八黠全部，又十五合内诸字，又十七洽全部，皆六麻之入声也。曷内之撮、阔等字，合部之合、盒数字，皆无平上去者也。若以缉、合、叶、洽为闭口韵，则止当谓之无平上去之寡妇，而不当调之以侵、寝、缉、咸、喊、陷、洽也。）

原评

石天外曰：中州韵无入声，是有夫无妇，天下皆成旷夫[①]世界矣。

注释

① 旷夫：没有妻子的成年男子。

译文

声调分为平、上、去、入四声是有一定道理的，然而入声字很少，不能说所有的字都有四声。世上的平仄之调，在某个字没有入声的时候，往往把与入声读音不相符的字附属于入声的下面。被附属的字如若没有平、上、去三声，那就是让寡妇匹配鳏夫，尚且可以。如若所附属的字自己有平、上、去三声，但却想强迫让它服从我，就是干涉有丈夫的人了，这样可以吗？姑且就诗的韵律来说，像东冬韵没有入声的，现在的人尽量把它调为东、董、冻、督。督的读音，应当附在都、睹、妒之下。如果附属于东、董、冻，又怎么处理都、睹、妒呢？如果东、都二字都把督字作为入声，就是一个妇人有两个丈夫了。江、讲、绛韵部没有入声字，现在的人尽量把它们调成江、讲、绛、觉，难道不知道觉的读音，应当附在交、绞、教的下面。像这样的情况举不胜举，那么应当怎样处理才算可以呢？我说：鳏夫听凭他为鳏夫，寡妇听凭她为寡妇，夫妇双全的就让他们双全，各自互不干涉就可以了。（东、冬、欢、桓、寒、山、真、文、元、渊、先、天、庚、青、侵、盐、咸诸部，都没有入声字。屋、沃部像秃、独、鹄、束等字，是鱼虞韵部里都、图等字的入声；卜、木、六、仆等字是歌部的入声；玉、菊、狱、育等字是尤部的入声。觉部、药部，应当归属于萧、肴、豪；质、锡、职、缉，应当归属于支、微、齐；质内的桔、卒，物内的郁、屈应当归属于虞、鱼，物内的勿、物等音，没有平、上、去三声。讫、乞等，是支部的入声。陌部是佳、灰的半、开、来等字的入声。月部的月、厥、阙、谒等以及屑、叶二部，古代没有平、上、去三声，如今成为中州韵中车、遮等字的入声。伐、发等字以及曷部的括、适及八个黠音，还有十五个合音诸字，十七个洽音，都是六个麻音的入声。曷部的撮、阔等字，合部的合、盒数字，都没有平、上、去三声。假如把缉、合、叶、洽作为闭口韵，那么只当称作没有平、上、去三声的寡妇，而不应当调在侵、寝、缉、咸、喊、陷、洽的下面。）

评 析

作者在这段文字中为读者阐释了音韵学的一些内容和主张。归纳起来，作者论述的中心就是“入声”的问题，即对于人们所说的平仄而言，若是某个字没有入声该如何归类的问题。为了说明这个问题，作者用了生动的比喻并举出了详细的例子加以论说。作者认为，若是两个字同为入声则勉强可以替代，但若不是入声，就不能够替代；入声的归类千万不能强行为之、生搬硬套，一定要合乎规律。

作者在论说“入声”这一问题的时候，十分讲究技巧，力求生动形象，也使得论说更加通俗易懂，值得我们借鉴。

第九九则

原典

《水浒传》是一部怒书，《西游记》是一部悟书，《金瓶梅》是一部哀书。

原评

江含徵曰：不会看《金瓶梅》而只学其淫，是爱东坡者但喜吃东坡肉[1]耳。

殷日戒曰：《幽梦影》是一部快书。

朱其恭曰：余谓《幽梦影》是一部趣书。

注释

① 东坡肉：一种煮得极为酥烂的猪肉。

译文

《水浒传》是一部使人发泄愤怒的书；《西游记》是一部教人说禅悟道的书；《金瓶梅》是一部让人哀痛堕落的书。

评析

《水浒传》《西游记》《金瓶梅》是明清时期的三部小说巨著，它们虽说各自代表着一种类型，却都深刻揭示和反映了时代的特点，给人以深刻的震撼和警醒。当然，对于每一部著作来说，这种震撼

和警醒是不同的。

第一〇〇则

原 典

读书最乐，若读史书则喜少怒多，究之，怒处亦乐处也。

原 评

张竹坡曰：读到喜怒俱忘是大乐境。

陆云士曰：余尝有句云：“读《三国志》，无人不为刘[1]；读南宋书，无人不冤岳[2]。”第人不知怒处亦乐处耳。怒而能乐，惟善读史者知之。

注 释

① 刘：刘备，字玄德，东汉末年幽州涿郡涿县（今河北涿州）人，三国时期蜀汉政权的建立者，史家又称之为先主。

② 岳：岳飞，字鹏举，南宋爱国名将，中国历史上著名的军事家、战略家，位列南宋中兴四将之一。

译 文

读书最快乐，如果要读史书，则是高兴的时候少，愤怒的时候多，推究起来，使人愤怒的地方也是使人快乐的地方。

评析

古人说：“三日不读书，便言语乏味，面目可憎。”可见，读书是一件充实自己、愉悦身心的活动，是调剂生活的好方法，能够让我们提升自我、感受乐趣。而且，在阅读的过程中，我们还会收获很多的惊喜。

史书是历史的再现或一定程度的演绎，在史书中我们能够看到云诡波谲的历史风云，能够看到那些或激荡山河或悲壮或凄惨或无可奈何的血泪事件。这时我们的神经是绷紧的，我们的内心是五味杂陈的。所以，读史书的时候是高兴的时候少，愤怒的时候多。

但仔细推究起来，那些令我们愤怒，让我们为之打抱不平或拍案而起的历史事件在带给我们苦涩愤慨的同时，何尝没有带给我们快乐和成长。

历史就是一面镜子，所谓“以史为鉴，可以知兴替”。等我们掩卷而思，回味历史，感受它带给我们的价值判断标准的时候，我们的心中就会多一分对现实社会的执着，对是非善恶有更加深刻的理解，从而指引我们奋力向前。所以，史书中使人愤怒的地方，也正是让人有所感悟、有所收获，体验快乐和成长的地方。

第一〇一则

原 典

发前人未发之论，方是奇书；言妻子难言之情，乃为密友。

原 评

孙恺似曰：前二语是心斋著书本领。

毕右万曰：奇书我却有数种，如人不肯看何？

陆云士曰：《幽梦影》一书所发者皆未发之论，所言者皆难言之情，欲语羞雷同，可以题赠。

译 文

能够抒发前人没有发出过的议论，才是稀奇的书；能够说出对妻子、儿女说不出的情感，才是亲密的朋友。

评 析

一本书要想流传后世，并称为奇书，那么必然要有不同于一般书籍的地方：要能够抒发和阐释前人所没有发出过的议论，要有创新的地方，要具备深刻、独到的见解和认识，不流于形式。唯有如此，才能够为人们所珍视，吸引人们去争相阅读，否则人云亦云，毫无新意和见地，那么就只能淹没在历史的长河中，难为人知。因而，作者在这里用“前人未发之论”作为评判“奇书”的标准。

比如《周易》《道德经》《山海经》《大唐西域记》《齐民要术》

《天工开物》《黄帝内经》《千金要方》《麻衣神相》《茶经》《笑林广记》等等，这些阐释非同一般观点的书籍就可称为“奇书”。

接着，作者又阐释了什么是亲密的朋友。人们常说，在这个世界上，只有夫妻才是最亲密无间、不分彼此的人，其次就是自己的儿女。可是，从另一个角度来说，正是因为距离太近了，感情太深厚、浓郁了，所以很多时候我们并不能对他们无所不言。

而真正亲密的朋友就不一样了，密友与我们之间没有家庭琐事的困扰，彼此间的情谊也是建立在共同的爱好和兴趣之上，有着广泛的沟通和交往，很多时候我们不方便向妻子、儿女说的话却可以尽情地向他们倾诉，毫无顾忌地交流。所以，结交朋友是十分重要的，人生得一知己，可以无憾矣。

第一〇二则

原 典

一介之士必有密友，密友不必定是刎颈之交。大率虽千百里之遥，皆可相信，而不为浮言所动。闻有谤之者，即多方为之辩析而后已。事之宜行宜止者，代为筹画决断。或事当利害关头，有所需而后济者，即不必与闻，亦不虑其负我与否，竟为力承其事。此皆所谓密友也。

原评

殷日戒曰：后段更见恳切周详，可以想见其为人矣。

石天外曰：如此密友，人生能得几个？仆愿心斋先生当之。

译文

一个普通的人也必定有密友，密友不一定就是生死之交。大概虽然相隔千百里之远，都可以相信，并且不会为谣言所动摇。听到有诽谤自己朋友的人，只有从多方面为他辩解清楚后才罢休。对于应该去做或不应该做的事情，可以替朋友筹划决断。有时是在事情的利害关系的紧要关头，有需要帮助以后才能解除困境的，当时不一定要让朋友知道，也不考虑他将来是否会有负于自己，全力承担这件事。做这些事的朋友就是密友。

评析

朋友是人这一生中宝贵的财富，有朋友的陪伴和扶持，我们在前行的道路上能够走得更加稳健，更加顺达。也正是因为这样，古往今来，人们都十分重视朋友的作用，尤其是那些真正能够给予我们理解、支持、包容和提醒的朋友，更是不可多得的。而作者对于朋友的认识也十分深刻，在这段文字中，他就给予了我们关于密友的具体衡量标准。

当然，作者对密友的认识和评判标准也是基于当时的社会现实的。而且，也正是因为当时社会的混乱，世态的炎凉，人情的险恶，才萌生了作者对密友这一概念的主张和提倡。

作者认为，作为密友，要彼此拥有绝对的信任，不为谣言所动；

听到有人诽谤、诋毁朋友，要极力澄清事实；要能够替朋友作决断；若是朋友处于利害关头，要无私地替朋友承担，且不让朋友知道。可见，作者心中的密友标准即待人如待己。

第一〇三则

原 典

风流自赏，只容花鸟趋陪；真率谁知？合受烟霞供养。

原 评

江含徵曰：东坡有云：“当此之时，若有所思而无所思。”

译 文

风流倜傥自我欣赏，只能容得下花鸟的陪伴；真诚直率有谁知晓？应该受到云烟霞雾的供奉。

评 析

“风流”这个词语在古人看来绝对是个褒义词，这一点是毋庸置疑的。而实际上，古人眼中的风流和我们现在口中常提及的风流并不是同一个概念。在古人看来，风流是一种风度、仪态，体现的是风采特异、才华出众，不拘泥于成规礼教，快意旷达。也正是因为这样，诸如风流才子、风流倜傥、风流儒雅等词汇，一直备受人们推崇。

但是，作者在这段文字里描写的风流可就没有那么令人称羡了。作者所谓的风流是一种孤芳自赏、自命不凡，是始终保持着一种高高在上、不染尘埃的感觉。这样的风流是傲视一切的，因此他的身边也往往没有什么相伴之人，常常是顾影自怜，更多的时候只有花儿和鸟儿能够伴其左右。显然，在他看来，也只有花鸟与其合拍，无世俗污浊之心。

第一〇四则

原 典

万事可忘，难忘者名心①一段；千般易淡，未淡者美酒三杯。

原 评

张竹坡曰：是闻鸡起舞[②]，酒后耳热气象。

王丹麓曰：予性不耐饮，美酒亦易淡，所最难忘者名耳。

陆云士曰：惟恐不好名，丹麓此言具见真处。

注 释

① 名心：追求名利之心。

② 闻鸡起舞：听到鸡叫就起来舞剑，比喻志士及时奋起、发愤图强。

译 文

万事都可以忘记，难忘的是对名利的追求；千般事物都容易淡忘，不能淡忘的是三杯美酒。

评 析

名利是枷锁，一旦被缚其中，就会越来越难以摆脱，最终毫无招架之力地被其奴役、驱使，不能自拔。名利被一些人作为一生追而不及的梦想，他们视名利为最高目标，总是在费尽心机、不择手段地追求。可事实上，名利真的有那么重要吗？名利真的能够换取一切吗？显然，答案是否定的。痴迷于名利的追逐，反而会让自己陷入恶性循环，甚至给自己的身心带来极大伤害，让自己成为一个获取名利的工具。

但是无可奈何，这就是当时绝大多数人的生存状态。他们不由自主地由名利的驱使推动着自己向前迈进。所以，作者在这里写道，

对于人们来说，什么事情都可以忘记，最难忘记的就是对名利的追求。

作者又写道：万事万物都容易淡忘，唯独不能淡忘的是美酒。自古以来人们对于美酒的记忆都是十分浓重而深刻的。而实际上，这也是由酒的特点决定的。因为饮酒往往能够让人暂时忘忧解愁，把疲劳和烦恼都抛诸脑后，获得一时的舒爽、痛快的体验。

从作者的描述中，我们隐隐约约感受到字里行间的无可奈何之感。现实的烦忧无法解除，也只能在酒的世界中寻觅快乐了。

第一〇五则

原 典

芰荷[①]可食而亦可衣，金石[②]可器而亦可服。

原 评

张竹坡曰：然后知濂溪不过为衣食计耳。

王司直曰：今之为衣食计者果似濂溪否？

注 释

① 芰荷：指菱角与莲子。

② 金石：指金银玉石之类。据说道教有炼丹术，在炉鼎中烧炼

金石药物，能够制取长生不死的丹药。

译文

芰荷可以吃，叶子也可以当作衣裳；金银玉石之类可以制造器物，也可以炼制金丹服用。

评析

芰荷，其实也就是芰和莲。其中，芰角和莲子是可以食用的，而芰叶和莲叶则可以用来制作衣裳。听起来或许匪夷所思，但这在古书中却是早有记载。比如，战国诗人屈原在其《离骚》中曾写道：“制芰荷以为衣兮，集芙蓉以为裳。”而据张竹坡所言，宋代濂溪先生周敦颐的《爱莲说》中所描述的也是出于衣食的考虑。只不过，周敦颐先生之爱莲有一种乐于清贫的意味在其中。正是因为这样，在古代以芰荷为食、做衣是一种洁身自好、不为浊世所污的高洁品格的体现。

接着，作者又对金石进行了一番论述。所谓金石，也就是金银玉石。在古代，这些金银玉石可以制作成器械用具，也可以用来炼制金丹服食。制作成器物是比较常见的，人们日常所用的锅碗瓢勺、乐器、兵器、国鼎等都与金石有关。而用以服食也有记录，比如魏晋时期人们常常服用的“五石散”，其中便有赤石脂等矿石。古时的炼丹术也会利用金石。

第一〇六则

原 典

宜于耳复宜于目者，弹琴也、吹箫也；宜于耳不宜于目者，吹笙也、擪管[①]也。

原 评

李圣许曰：宜于目不宜于耳者，狮子吼之美妇人[②]也；不宜于目并不宜于耳者，面目可憎、语言无味之纨袴子也。

庞天池曰：宜于耳复宜于目者，巧言令色也。

注 释

① 擪（yè）管：指演奏管乐器。擪，用手指按压。

② 狮子吼之美妇人：指既凶悍又漂亮的女人。陈慥，自称龙丘先生，他的妻子柳氏虽然美艳但向来凶妒，因而北宋文豪苏轼有诗云："龙丘居士亦可怜，谈空说有夜不眠。忽闻河东狮子吼，柱杖落手心茫然。"

译 文

适合听又适合观看的，是弹琴、吹箫；适合听而不适合观看的，是吹笙、演奏管乐器。

评 析

音乐能够给人美的享受，也能陶冶人的性情，而且，很多时候，音乐带给我们的并不仅仅是听觉上的享受，还有观感上的享受。而这里所说的观感上的享受其实就是指观看演奏乐器的过程的感受。作者就从听觉和视觉上的不同，对演奏音乐的乐器做出了分类。

作者认为，既适合耳朵听又适宜用来观赏的，是弹琴和吹箫。只适合耳朵听却不适宜用来观看的，是吹笙和弹奏管乐器。因为，琴和箫不仅能够发出悠扬动听的声音，而且，弹琴和吹箫时的动作优雅娴静，大方得体。虽然笙和管乐器也能发出美妙的声音，给人以美的享受，但在演奏笙和管乐器的时候，演奏者一呼一吸，两腮时胀时瘪，与弹琴吹箫相比，极不雅观。当然，这只是作者的主观感受。

第一〇七则

原 典

看晓妆，宜于傅粉之后。

原 评

余淡心曰：看晚妆，不知心斋以为宜于何时？

周冰持曰：不可说，不可说。

黄交三曰：水晶帘下看梳头，不知尔时曾傅粉否？

庞天池曰：看残妆宜于微醉后，然眼花撩乱矣。

译 文

女子早晨梳妆适宜在涂了粉之后。

评 析

注重描写女子的艳丽词藻，其实早在南北朝时期就已经出现且盛极一时了。当时文人崇尚艳丽华美的辞藻，给人浓妆丽彩之感，而其内容多表现女子，常常被看作是靡靡之音。后来，晚明时期，官僚体制腐败，享乐观念无孔不入，人们酷爱游山玩水，吟诗作赋，终日声色犬马，出现了崇尚声色的社会思潮。由此，美人佳丽的题材常常出现在晚明文人的作品中。

作者在这段文字里以晚明文人的视角描写了早晨观赏佳人梳妆打扮的情形，并且指出观赏的最佳时机应该是在美人涂了粉之后，如此会显得更加艳丽娇嫩。从这简单的场景描写中，我们就可以窥见充满声色的晚明世界，士人无心进取，只恋风月。

这一段简短、委婉的描述，实际上也透露出作者对当时时局和社会环境的一种担忧和愤慨。这样的文字在我们今天看来，或许没有什么，但对于作者而言，这却是一个时代没落消亡的曲调。

第一〇八则

原 典

我不知我之生前，当春秋[1]之季，曾一识西施否？当典午[2]之时，曾一看卫玠[3]否？当义熙[4]之世，曾一醉渊明否？当天宝[5]之代，曾一睹太真否？当元丰[6]之朝，曾一晤东坡否？千古之上，相思者不止此数人。而此数人则其尤甚者故，姑举之以概其余也。

原 评

杨圣藻曰：君前生曾与诸君周旋，亦未可知，但今生忘之耳。

纪伯紫曰：君之前生，或竟是渊明、东坡诸人，亦未可知。

王名友曰：不特此也。心斋自云愿来生为绝代佳人，又安知西施、太真不即为其前生耶？

郑破水曰：赞叹爱慕，千古一情。美人不必为妻妾，名士不必为朋友，又何必问之前生也耶？心斋真情痴也。

陆云士曰：余尝有诗曰："自昔闻佛言，人有轮回事。前生为古人，不知何姓氏？或览青史中，若与他人遇。"竟与心斋同情，然大逊其奇快。

注 释

① 春秋：前770年—前476年为春秋时代，简称春秋。

② 典午："司马"的隐语，意为司马之官职，而晋帝姓司马，后又以"典午"指代晋朝。

③ 卫玠：晋朝第一美男子，生于西晋武帝太康七年（286），风采极佳，为众人所仰慕。后不久即死于南昌，时人称卫玠被“看杀”。

④ 义熙：东晋晋安帝司马德宗的第四个年号。

⑤ 天宝：唐玄宗李隆基的年号（742—756）。

⑥ 元丰：宋神宗赵顼的年号（1078—1085）。

译文

我不知道在我转世之前，在春秋时期是否曾经见到过西施？在西晋的时候是否曾经见到过卫玠呢？在东晋义熙年间是否和陶渊明一起醉饮过呢？在唐朝天宝年间是否目睹过杨贵妃呢？在北宋元丰年间是否曾经见到过苏东坡呢？数千年之间，我思念的人不止这几个。但因对这几个人特别思念，姑且列举出来以概括其他人。

评析

人们对于名人总是仰慕的，总希望能够一睹真容，以满足自己长期以来的想象。因为他们或多或少地对自己产生了影响，使自己的人生观、价值观产生了一定的变化。当然，这也和当时的社会环境有着千丝万缕的联系。

从历史的角度来看，自从明代中晚期以来，在新生资本主义的推动下，人们的欲望日益膨胀，以情抗理的事情时有发生，人们开始对抗宋明理学“禁欲”的牢笼禁锢。而作者在这里表达的对西施、卫玠、杨贵妃的倾慕就是在这样的背景下产生的。而对陶渊明和苏东坡的倾慕和向往是对他们才情雅致的倾慕，作者希望自己能够拥有像他们一样的思想和才情，能够尽情表达自己心中所想、志趣所系。

第一〇九则

原 典

我又不知在隆万[1]时，曾于旧院中交几名妓？眉公[2]、伯虎、若士、赤水[3]诸君，曾共我谈笑几回？茫茫宇宙，我今当向谁问之耶？

原 评

江含徵曰：死者有知，则良晤非遥。如各化为异物，吾未如之何也已。

顾天石曰：具此襟情，百年后当有恨不与心斋周旋者，则吾幸矣。

注 释

① 隆万：指明代隆庆（明穆宗年号）、万历（明神宗年号）年间。

② 眉公：明代文学家、书画家陈继儒的号，有《陈眉公全集》。

③ 赤水：明代戏曲作家、文学家屠隆的号，他好游历，有博学之名，尤其精通曲艺。

译 文

我也不知道在隆庆、万历年间是否曾在烟花青楼结交过多少个名妓？陈继儒、唐伯虎、汤显祖、屠隆这几位君子，是否曾和我谈论欢笑过几回？茫茫宇宙中，我今天应当向谁去询问这件事呢？

评 析

作者在这段文字里再次表达了一种希望结交红颜的心愿，但是并未直截了当地指出自己想要结交的具体人物，而是借助唐寅、屠隆、汤显祖、陈继儒的谈笑来体现。

当然这也反映了作者对这几个人风流才情的赏识和肯定。其中，唐伯虎是明代书画家，自幼聪颖，仪表不凡，才气奔放；屠隆放浪形骸，好饮酒和游历，有博学广才之名；汤显祖是明代戏曲家、文学家，早有才名；陈继儒是明代文学家和书画家，在当时盛名昭著，家喻户晓。可以说，与这样的才情雅致之士结交，是所有文人的共同心愿，也是作者的理想和诉求。

不过，需要指出的是，作者把唐伯虎放在了隆庆、万历年间，从时间上来说并不正确。因为唐伯虎生于成化六年，远在隆庆、万历年间的几十年后。这是作者的一处常识性错误。

第一一〇则

原 典

文章是有字句之锦绣，锦绣是无字句之文章，两者同出于一原。姑即粗迹论之，如金陵[1]、如武林[2]、如姑苏[3]，书林[4]之所在，即机杼[5]之所在也。

原 评

袁翔甫补评曰：若兰回文[6]是有字句之锦绣也；落花水面是无字句之文章也。[7]

注 释

① 金陵：旧指南京。

② 武林：旧指杭州。

③ 姑苏：旧指苏州。

④ 书林：藏书多的地方。

⑤ 机杼：指织布机，也比喻诗文的构思和布局。

⑥ 若兰回文：前秦苻坚时，秦州刺史窦滔被流放，其妻苏蕙织锦为《回文璇玑图诗》以赠。

⑦ 此则评语是根据《啸园丛书》本补。

译文

文章是由字句织成的锦绣，由彩色织线织出的锦绣是没有字句的文章，二者同出一源。姑且就大致情形来论，像南京、杭州、苏州，既是藏书的地方，又是盛产丝织品的地方。

评析

好的文章是作者精雕细琢、用心创作的成果。其实文章的创作过程和锦绣的制作过程是非常类似的，锦绣也是织者经过精心设计、付出辛勤的劳动而制作的。文章是由字句编织的锦绣，锦绣是没有字句的文章，这两句话就很形象地说明了两者的关系。而古人也称好的文章为“锦绣文章”。

第一一一则

原典

予尝集诸法帖字为诗。字之不复而多者，莫善于《千字文》[①]。

然诗家目前常用之字，犹苦其未备。如天文之烟霞风雪，地理之江山塘岸，时令之春宵晓暮，人物之翁僧渔樵，花木之花柳苔萍，鸟兽之蜂蝶莺燕，宫室之台槛轩窗，器用之舟船壶杖，人事之梦忆愁恨，衣服之裙袖锦绮，饮食之茶浆饮酌，身体之须眉韵态，声色之红绿香艳，文史之骚赋题吟，数目之一三双半，皆无其字。《千字文》且然，况其他乎？

原 评

黄仙裳曰：山来此种诗，竟似为我而设。

顾天石曰：使其皆备，则《千字文》不为奇矣。吾尝于千字之外另集千字而已，不可复得，更奇。

注 释

① 千字文：指南北朝时期梁朝散骑侍郎、给事中周兴嗣编纂的、一千个汉字组成的韵文。也指法帖名。

译 文

我曾经搜集各种法帖上的字作诗。字不重复并且又多的，没有比《千字文》更完备的。然而写诗的人目前经常使用的字，还苦于它并不完备。比如天文方面的烟霞风雪，地理方面的江山塘岸，时令方面的春宵晓暮，人物方面的翁僧渔樵，花草树木方面的花柳苔萍，飞鸟走兽方面的蜂蝶莺燕，宫阁室院方面的台槛轩窗，器皿用具方面的舟船壶杖，人事方面的梦忆愁恨，衣衫服饰方面的裙袖锦绮，饮食方面的茶浆饮酌，身体方面的须眉韵态，歌舞美人方面的

红绿香艳，文体史记方面的骚赋题吟，数量用词方面的一三双半，《千字文》中都没有。《千字文》尚且如此，更何况其他的呢？

评 析

自古以来，人们都十分喜欢用诗歌来表达情感，从而让自己的思想和情感得以记录和保存。当然，随着诗歌的发展，诗歌创作的形式也变得更加不拘一格了。而作者在这里把诗歌用字限定在各种法帖之上，甚至是局限在《千字文》上。这种选字作诗的方式虽然很有新意，但其局限和不足却也极为明显。毕竟，真正的诗歌创作应该是自由的、随意的，是主观情感在特定场景下的自然流露，若是把写诗用字局限于法帖抑或仅仅是《千字文》内，那么诗歌创作必然会走进死胡同。所以，作者的这种做法并不可取。

第一一二则

原 典

花不可见其落，月不可见其沉，美人不可见其夭。

原 评

朱其恭曰：君言谬矣！洵如所云，则美人必见其发白齿豁而后快耶？

译 文

花儿不能看见的是它的凋落，月亮不可看见的是它的沉没，美人不可看见的是她的夭折。

评 析

美好的事物总是容易让人心生怜爱，并极力地想要保留住这美好的时刻。因为，这些美好的事物寄寓了人们对美的想象，对心中所思所念的关怀。因此，这些美好的事物总是能够成为那些文人墨客笔下的宠儿。但越是美好的事物就越不易长久，而越是美好的事物遭到破坏或消失，越是让人们怅然若失。

在这里，作者用文字表达了这样一种惋惜和遗憾，体现了自己对美好事物破灭的无可奈何之感。但花儿总会凋落，月亮总会西垂，美人也难保不会夭折，生活中有很多事情是不可强求的。我们应该拥有一颗平常心，不要强求太多，如此人生才会更加美好。

第一一三则

原 典

种花须见其开，待月须见其满，著书须见其成，美人须见其畅适，方有实际，否则皆为虚设。

原评

王璞庵曰：此条与上条互相发明。盖曰：“花不可见其落耳，必须见其开也。”

译文

种花必须要看到它开放，赏月必须要见到它圆满，写书必须要看到书完成，对于美人必须要看到她畅快舒适，方才有实际意义，否则都是形同虚设。

评析

凡事做了就要有个结果，开始了就要坚持到底，如此才能对自己有个交代，才能不留遗憾，才算圆满。

作者认为，人们种花是为赏花，因此一定要等到花儿开放，如此才能使自己的付出有一个圆满的结果。赏月也一定要看到月亮圆满皎洁的时刻。著书立说，是要传递知识、教育世人。只有等到书作完成，其目的才能够达成。而看美人就要在她畅快舒适的时候，才能看到她最美的一面。因此，不论是种花、待月、写书还是赏美人，都要有始有终才有实际意义。否则，一切都成为了一场虚妄，之前所做的一切也就没有意义了。

第一一四则

原 典

惠施[1]多方，其书五车；虞卿[2]以穷愁著书。今皆不传，不知书中果作何语。我不见古人，安得不恨？

原 评

王仔园曰：想亦与《幽梦影》相类耳。

顾天石曰：古人所读之书、所著之书，若不被秦人所烧尽，则奇奇怪怪可供今人刻画者，知复何限，然如《幽梦影》等书出，不必思古人矣。

倪永清曰：有著书之名而不见书，省人多少指摘。

庞天池曰：我独恨古人不见心斋。

注 释

① 惠施：战国时期宋国（今河南商丘）人，著名的政治家、辩客和哲学家，名家思想的开山鼻祖和主要代表人物。

② 虞卿：战国时期的游说之士，曾游说赵孝成王，为上卿，故而称之为虞卿。著有《虞氏征传》《虞氏春秋》。

译 文

惠施学识渊博，他的书可以装载数车；虞卿在穷困愁苦的时候著书立说。如今他们的著作都没有流传下来，不知道书中都说了些什么话。我不能见到这些古人，怎么能不遗憾呢？

评 析

实际上，不管是惠施还是虞卿都是战国时期著名的思想家和名士，他们思想进步，学识渊博，富有见地。而且，他们都是力主抗秦的有志之士。其中，惠施是合纵抗秦的最主要的组织人和支持者，虞卿坚持主张以赵为王联合齐魏抵抗秦国。只不过生不逢时，命运不济，到最后落得一个失败的结局，也只能把自己的思想和观点用著书立说的方式流传下去。

但是往往就是如此地不遂人意。秦始皇嬴政赢得天下之后，“罢黜百家，焚书坑儒”，强调思想独裁，曾一度抗秦的惠施和虞卿的著作也被始皇帝付之一炬，没能够流传下来。

对此，作者表达了自己深深的惋惜之情。在作者看来，惠施和虞卿都是有才学之士，他们的著作应当很有智慧和见地，但是如今却无法得见，着实令人遗憾。

第一一五则

原 典

以松花为量①，以松实为香，以松枝为麈尾②，以松阴为步障③，以松涛为鼓吹。山居得乔松百余章，真乃受用不尽。

原 评

施愚山曰：君独不记曾有松多大蚁之恨耶？

江含徵曰：松多大蚁，不妨便为蚁王。

石天外曰：坐乔松下如在水晶宫中，见万顷波涛总在头上，真仙境也。

注 释

① 量：同“粮”，粮食。

② 麈尾：拂尘，即古人在闲谈时执以驱虫、掸尘的一种工具。

③ 步障：用来遮蔽风尘或是隔绝内外的屏障。

译 文

用松树的花作为粮食，用松树的果实作为香料，用松树的枝条作为拂尘，用松树的绿荫作为遮蔽风尘的屏障，用风吹松林的涛声作为鼓乐来演奏。在山中隐居得到高大的松树百余棵，真是享受不完啊。

评 析

松树坚强不屈、不畏风霜，向来以高洁的气节著称，并且与竹、梅一起并称为“岁寒三友”，历来为文人墨客所喜爱。人们常常以歌颂松树来寄寓自己的高远志向，表达自己坚韧不拔的品格。

在这段文字里，作者就极力表达了自己对于松树的倾慕之意。我们可以看出，作者有着强烈的回归自然的愿望和诉求，希望余生能够以松为伴，长居于此。从作者如此喜爱松树可以看出，作者的心中仍然有一份坚持，并非一味避世。

第一一六则

原 典

玩月之法，皎洁则宜仰观，朦胧则宜俯视。

原 评

孔东塘曰：深得玩月三昧①。

注 释

① 三昧：奥妙，诀窍。

译文

赏玩月亮的方法是月光皎洁时适宜仰望观看月亮，月色朦胧时则适宜低头观看（月下之物）。

评析

明月，是文人雅士笔下常见的景物，它能够勾起人无数的情思。让人在月光的映照下抒发自己的情感，寄寓自己的理想，诉说自己的愿景。

第一一七则

原典

孩提之童，一无所知。目不能辨美恶，耳不能判清浊，鼻不能别香臭。至若味之甘苦，则不第知之，且能取之弃之。告子[1]以甘食悦色为性，殆指此类耳。

原评

王子直曰：可以不能者，天则听其不能；不可不能者，天即使之皆能。可见天之用心独周至。若告子之所谓食色，恐非此类。以五官之嗜好，皆本于性也。[2]

注释

① 告子：战国时思想家。曾受教于墨子，有口才，讲仁义。由于孟子在人性问题上和他有过几次辩论，所以他的学说仅有一鳞片甲记录在《孟子·告子》中。

② 此则评语是根据清刊本补。

译文

尚在襁褓中的婴儿，什么都不知道。眼睛不能辨别美好和丑恶，耳朵不能判断清脆的声音还是低沉的声音，鼻子不能识别香味和臭味。至于味道是苦是甜，则是不但知道，而且能选择。告子把吃美好的食物和喜好漂亮的人作为人的本性，大概指的就是这类人。

评析

《孟子·告子上》中有言："食色，性也。"也就是说，食和色是人类生存所必需的，是人天生就具备的能力。如果丧失了这种本能，那么人类的生存就会面临极大的挑战。而这个观点在作者的这段文字中得到了极好的体现。作者写道，对于尚在襁褓之中的婴儿来说，他们眼睛分不出美丑，耳朵辨不出清浊，鼻子嗅不出香臭，但是却能够分辨出甜美还是苦涩，并能够做出自己的选择。

所以，对于人来说，生存是排在第一位的。人的本能也是基于生存而产生的。只有保证能够生存下来，才有可能谈到发展及精神层面的东西。

第一一八则

原 典

凡事不宜刻，若读书则不可不刻；凡事不宜贪，若买书则不可不贪；凡事不宜痴，若行善则不可不痴。

原 评

余淡心曰：读书不可不刻，请去一“读”字，移以赠我，何如？

张竹坡曰：我为刻书累，请并去一“不”字。

杨圣藻曰：行善不痴是邀名矣。

译 文

无论什么事都不能太苛刻，如果是读书则不能不苛刻；无论什么事都不能太贪心，如果是买书就不能不贪心；无论什么事都不能太痴迷，如果是做善事就不能不痴迷。

评 析

生活中的很多事情都是无法做到完美的，所以凡事都不能过于执着、苛刻以及贪心。在立身处世过程中，我们如果太过于苛刻就很难实现最终的目标。而如果对物质太过于贪心，不知道满足和适时止步，就会让自己陷入一种无法自拔的地步，最终越陷越深，变成欲望的奴隶。

但是，作者在这段文字中却提出了必须要苛刻、贪心、执着的事情，那就是读书、买书和行善。在读书的时候如果对自己的要求不苛刻一点，随意放松对自己的要求，浅尝辄止，那么就无法对书中的知识获得深刻的领悟，就很难达到增长知识、修养自身的目的；如果在买书的时候不贪婪一些，太在乎贵贱得失，就会错过很多的好书；如果在做善事时不痴迷一些，心有杂念，想要借此求得回报，就会本末倒置，不能真正帮到需要帮助的人。

因此，任何事情都应当辩证地看待，而不应该以一个不变的标准来衡量。只有灵活处之，才能更好地丰富自己、有益他人，真正成为一个有才，有德，有所为、有所不为的人。

第一一九则

原 典

酒可好，不可骂座；色可好，不可伤生；财可好，不可昧心；气可好，不可越理。

原 评

袁中江曰：如灌夫[①]使酒，文园[②]病肺，昨夜南塘一出，马上挟章台柳[③]归，亦自无妨。觉愈见英雄本色也。

王宓草曰：可以立品，可以养生，可以治心。

注 释

① 灌夫：字仲孺，颍川郡颍阴人。本姓张，因父亲张孟曾为颍阴侯灌婴家臣，赐姓灌。吴楚七国之乱之时，灌夫率领一千人跟随父亲灌孟从军，立下军功被封为中郎将。

② 文园：司马相如，字长卿，因曾为孝文园令，称文园。据记载，他患有虚痨消渴症。

③ 章台柳：此调为唐韩翃所制。韩有宠姬柳氏，临别，韩以此词寄之。后来，柳氏被番将沙咤利劫去，亦以此调回寄韩。因韩词句为“章台柳”取作调名。

译 文

美酒可以喜好，不可醉酒后骂人；美色可以喜好，不可以伤害身体；钱财可以喜爱，不可以贪婪昧心；意气可以喜好，不可以逾越道理。

评 析

欲望，是一个既可爱又可恨的东西。欲望的永不满足不停地诱惑着人们追求最高的享受，然而不懂得满足，不能够适可而止的欲望却常常让人迷失方向，这样既无益于他人也无益于自己。所以，凡事都要适可而止，要懂得将自己的欲望控制在一个合理的尺度和范围内。唯有如此，我们才能更好地把握自己的人生，才不至于行差踏错，给人生留下遗憾。

在这里，作者阐述了同样的道理。美酒虽然能够助兴，激发灵感，加深彼此之间的感情，利于双方的沟通，使自己暂时忘记烦忧愁苦，但是不能嗜酒成性，这样既伤害自己的身体，也可能给身边的人造成麻烦，甚至伤害。而对于美色、钱财和意气也是一样，享受是权利，但都要把握一个尺度和界限，万不可随意而为之，否则最终留给我们的就是一颗颗苦果。

第一二〇则

原 典

文名可以当科第，俭德可以当货财，清闲可以当寿考。

原 评

聂晋人曰：若名人而登甲第，富翁而不骄奢，寿翁而又清闲，便是蓬壶三岛[1]中人也。

范汝受曰：此亦是贫贱文人无所事事自为慰藉云耳，恐亦无实在受用处也。

曾青藜曰：“无事此静坐，一日似两日。若活七十年，便是百四十。”此是“清闲当寿考”注脚。

石天外曰：得老子[2]退一步法。

顾天石曰：予生平喜游，每逢佳山水辄留连不去，亦自谓可当园亭之乐，质之心斋，以为然否？

注 释

① 蓬壶三岛：传说东海有蓬莱、方丈、瀛洲三山，为神仙所居，山形如壶，故而有此称谓。

② 老子：春秋战国时期楚国人，我国古代伟大的哲学家和思想家、道家学派创始人。

译 文

以文章而闻名可以当作科举登第，有节俭的品德可以当作钱财货物，清净闲适可以当作长寿。

评 析

中国古代的科举考试最早源自隋，后来经过一次次的完善，到唐代的时候已经十分健全了。自科举制度建立以来，对于古代大多数文人来说，科举考试大概是人生中最重大的事情。金榜题名是每一个文人的理想，因为它既代表着可以吃饱穿暖，也代表着权力和地位。一次考中的在少数，很多人都是经历数次落第才能考中，甚至有的考中的时候已经满头白发，当然也有人一辈子也没考中。可见，科举登第在当时来说是多么重要，作者认为以文章闻名于天下也可以等同于科举登第。

第一二一则

原典

不独诵其诗、读其书，是尚友古人[1]，即观其字画，亦是尚友古人处。

原评

张竹坡曰：能友字画中之古人，则九原[2]皆为之感泣矣。

注释

① 尚友古人：上与古人为友。“尚”通“上”。

② 九原：九州。

译文

不只是吟诵古人的诗、阅读古人的作品是上与古人交朋友，即使是观赏古人的书法字画，也是在与古人交朋友。

评析

古人与我们相去甚远，现代人要想了解古人，就需要借助古人流传下来的著作以及各种古物，比如古人的诗词、书籍以及书法字画。

其中，阅读古人所著的书籍是最能了解古人思想和观点的，也是最能够直接与古人产生“沟通”的。在阅读古人的书籍时，我们就像结交了一位来自古代的良师益友，让我们能尽情倾听古人的观点和思想。

当然，除了古人的书籍之外，他们的诗词以及书法字画作品也能传递出古人的观念和意趣，从而让我们能够从中剖析他们每个人的性格、品位、人生观以及价值取向等方面的内容。通过阅读古人的书籍，欣赏古人的诗词、书法和绘画作品，可以增长我们的知识，扩大我们的视野，获得前人珍贵的智慧和思想。

第一二二则

原 典

无益之施舍，莫过于斋僧；无益之诗文，莫甚于祝寿。

原 评

张竹坡曰：无益之心思，莫过于忧贫；无益之学问，莫过于务名。

殷简堂曰：若诗文有笔资，亦未尝不可。

庞天池曰：有益之施舍，莫过于多送我《幽梦影》几册。

译 文

没有益处的施舍，莫过于把斋饭施舍给僧人；没有益处的诗词文章，没有比祝寿时的文章更甚的了。

评 析

把斋饭施舍给寺庙的僧人，以求他们能够为自己求福，从而让自己的心愿得以达成；在达官贵人们过寿的时候，要专门命人写一些表达美好意愿的祝寿词，以示寿宴的隆重和求得一个好的彩头。在作者看来，这些是虚妄的、没有益处的活动，是完全没有实际意义的，也并不能给生活带来任何的改变。所以，作者极力反对当时人们的这种做法。

但做这种事情的人大有人在，而且，他们对此从来都不吝钱财，对于那些真正有益于他人、有益于社会且能够为自己赢得声誉和民心的事情反而嗤之以鼻。这是认识上的误区，并非一时能够改变的。

不过，现如今愿意帮助他人、奉献社会的人也越来越多了，他们不吝钱财，有难必帮，积极地做着一些力所能及的、能够使人获益的事情。这是时代的进步，也是人性的觉醒。

第一二三则

原 典

妾美不如妻贤，钱多不如境顺。

原 评

张竹坡曰：此所谓“竿头欲进步”者。然妻不贤，安用妾美？钱不多，那得境顺？

张迂庵曰：此盖谓二者不可得兼，舍一而取一者也。又曰：世固有钱多而境不顺者。

译 文

貌美的小妾不如贤惠的妻子，钱多了不如事事都顺利。

评 析

在封建社会，女子的地位是十分卑微的，男子可以拥有三妻四妾，拥有绝对的话语权。作者在这里却提出了一个与当时社会环境不太相称的观点。

在当时，男子迎娶妻妾是为了取悦自己以及传宗接代。他们在选择妻妾时往往会以容貌作为第一标准。然而，作者却认为与其娶一个貌美如花的小妾倒不如有一个贤惠的妻子。一个貌美的小妾虽然能够愉悦自己，但是一个贤惠的妻子却能够为男子提供一个舒适温馨的港湾，给男子的事业提供强大的助力。相反，如果妻子不贤惠，那么家庭就会时常陷入矛盾和纠纷。

作者还认为，人生在世，与其有无尽的财富傍身，还不如事事顺达。只有处境顺达，心情舒畅，才能品味到更多的乐趣。相反，尽管有无尽的财富，若处境坎坷波折，命运多劫，有再多的钱财又有什么用呢?

第一二四则

原 典

创新庵不若修古庙，读生书不若温旧业。

原 评

张竹坡曰：是真会读书者，是真读过万卷书者，是真一书曾读过数遍者。

顾天石曰：惟《左传》、《楚词》、马[①]、班[②]、杜[③]、韩[④]之诗文，及《水浒》《西厢》《还魂》等书，虽读百遍不厌。此外皆不耐温者矣，奈何？

王安节曰：今世建生祠，又不若创茅庵。

注 释

① 马：司马迁，西汉中书令，著有《史记》。

② 班：班固，东汉史学家，著有《汉书》。

③ 杜：杜甫，唐代诗人，著有《杜工部集》。

④ 韩：韩愈，唐代文学家、诗人，著有《昌黎先生文集》。

译 文

建造新的寺庵不如修整旧的庙宇，读新书不如温习已经读过的书。

评析

“温故而知新，可以为师矣。”这是先圣孔子主张的学习之道。也就是说，旧知识并非学过就没用了，它还是我们快速获取新知识的一个重要途径。

重新阅读已经读过的书，可以获得新的收获、新的领悟。相比较而言，读一本新书需要从头至尾细细地揣摩文意才能收获知识，而这对于喜欢走马观花的人来说，基本上是在浪费时间。

这就像建造一座新的寺庵，比修整一座旧的庙宇需要花费的时间、投入的资金和精力都要多得多。

第一二五则

原典

字与画同出一原，观六书[1]始于象形，则可知已。

原评

江含徵曰：有不可画之字，不得不用六法也。

张竹坡曰：千古人未经道破，却一口拈出。

注释

① 六书：汉子的六种构造方法，分别是指象形、指事、会意、

形声、转注、假借。

译 文

文字和绘画同出于一个源头，看六书的文字始于象形就明白了。

评 析

“书画同源”是在中国画和中国书法的基础上提出来的，而在书法产生之前更准确的提法应该是“字画同源”，也就是说，文字的出现是在图画的基础上发展而来的。其实，关于这点，古人很早就已经有所论述了。《易经·系辞》中就写道：“古者庖牺氏之王天下也，仰则观象于天，俯则观法于地，观鸟兽之文，与地之宜，近取诸身，远取诸物，于是始作八卦。”

绘画是文字的先驱，它对文字的产生起着至关重要的作用。对此，作者还特意用六书（即象形、指事、会意、形声、转注和假借）中的象形字来进行论述。其中，象形即“画成其物，随体诘诎”，是最早的造字方法。比如，日像太阳，月像月亮，从这些字我们就能直观地明白“字画同源”的道理。

但是，作者的说法也并不严谨，由象形并不能笼统地说字和画同出一源，毕竟象形是六书中的一种。

第一二六则

原 典

忙人园亭，宜与住宅相连；闲人园亭，不妨与住宅远。

原 评

张竹坡曰：真闲人，必以园亭为住宅。

译 文

忙碌的人的庭院，应该与住宅连着；清闲的人的庭院，不妨离住宅远一些。

评 析

我国造园艺术有着悠久的历史，其文化内涵和自然气韵也十分浓郁。而到了明清时代，园林建筑更达到了高潮，呈现出了繁盛的局面。当时不管是皇家园林还是私家园林，数量和规模都大大超过了以往。此时的园林建筑深得模仿自然之雅趣，形成了独特的艺术风格。

作者的观点也正是基于这样的观念出发的。作者认为对于那些忙碌的人来说，园林应该和住宅区相连。这样，既能够操劳事务，又能够忙里偷闲，欣赏园林之美。

对于那些清闲之人来说，园林的主要功能完全可以被发挥到极致，毕竟他们有大把的时间可供消遣。因此，作者认为，对于这样的人来说，园林最好能够距离住宅远一些，这样园林就会更加具有野趣，更能体现自然的风姿，让人游玩时更加畅快。

第一二七则

原 典

酒可以当茶，茶不可以当酒；诗可以当文，文不可以当诗；曲可以当词，词不可以当曲；月可以当灯，灯不可以当月；笔可以当口，口不可以当笔；婢可以当奴，奴[①]不可以当婢。

原 评

江含徵曰：婢当奴则太亲，吾恐忽闻河东狮子吼耳。

周星远曰：奴亦有可以当婢处，但未免稍逊耳。近时士大夫往往耽此癖，吾辈驰骛[②]之流，盗此虚名亦欲效颦相尚，滔滔者天下皆是也，心斋岂未识其故乎？

张竹坡曰：婢可以当奴者，有奴之所有者也；奴不可以当婢者，有婢之所同有，无婢之所独有者也。

弟木山曰：兄于饮食之顷，恐月不可以当灯。

余湘客曰：以奴当婢，小姐权时落后也。

宗子发曰：惟帝王家不妨以奴当婢，盖以有阉割法也。每见人家奴子出入主母卧房，亦殊可虑。

注 释

① 奴：男仆。

② 驰骛：奔走。

译 文

酒可以当作茶，茶不可以当作酒；诗可以当作文章，文章不可以当作诗；曲可以当作词，词不可以当作曲；明月可以当作灯，灯不可以当作明月；笔可以当作口，口不可以当作笔；婢女可以当作奴仆，奴仆不可以当作婢女。

评 析

不同的事物之间，往往会有某些相通的地方，也就是在某一点上，它们具有类似的属性和功效。但是，这并不是说，两样东西可以互相替代而无差别。

关于这个道理，作者写道：酒和茶都能够解渴，故而酒可以当作茶，发挥解渴的效能，但是酒烈且具有麻醉作用，能让人放松神经，这点是茶所不能替代的；诗可以抒情亦可叙述，具有文章

的属性，可当作文章，但文章并不具备诗的含蓄、平仄押韵，故其无法代替诗；曲是词的发展和延续，曲可当作词，但词的含蓄细腻，并非曲所能及；明月的光亮可作为照明之用，和灯的效果相似，但灯的光芒所照到的范围却远不如月光遍照九州；笔可以写下口所说的话，可充当口来使用，但是口却无法达到笔的效果；婢女可以做奴仆所做的事情，但奴仆无法替代婢女。

第一二八则

原 典

胸中小不平，可以酒消之；世间大不平，非剑不能消也。

原 评

周星远曰：看剑引杯长，一切不平者皆破除矣。

张竹坡曰：此平世的剑术，非隐娘[①]辈所知。

张迂庵曰：苍苍者未必肯以太阿[②]假人，似不能代作空空儿[③]也。

尤悔庵曰：龙泉[④]太阿，汝知我者，岂止苏子美以一斗读《汉书》耶？

注 释

① 隐娘：唐代裴铏传奇《聂隐娘》中的主人公。

② 太阿：古代宝剑名。

③ 空空儿：即妙手空空儿，《聂隐娘》中的剑侠名。

④ 龙泉：古代宝剑名。

译 文

胸中有小小的不平之气，可以用酒来消除；人世间有很大的不公平，必须用剑才能消除。

评 析

“何以解忧，唯有杜康。”这是一代枭雄曹操在《短歌行》中吟唱的诗句。而从这句诗中，我们能够十分直观地感受到酒带给人们的奇妙感受，它能够解除人们心头的烦忧，暂时寻得一份快意。

当然，此时若是心中有什么不平之事，也能够在酒精的作用下发泄出来，使自己的身心得以释放和解脱。但对于那些人世间的大不公平之事，又岂是能够在举杯痛饮间得以解脱和释怀的。对于作者自己而言，胸中若有小不平，三杯两盏淡酒即可消除。但若是在大是大非、社会公义面前，他不会选择退缩和逃避，而是会以武力反抗。

第一二九则

原典

不得已而谀[1]之者，宁以口毋以笔；不可耐而骂之者，亦宁以口毋以笔。

原评

孙豹人曰：但恐未必能自主耳。

张竹坡曰：上句立品，下句立德。

张迂庵曰：非惟立德，亦以免祸。

顾天石曰：今人笔不谀人，更无用笔之处矣，心斋不知此苦，还是唐宋以上人耳。

陆云士曰：古笔铭曰："毫毛茂茂，陷水可脱，陷文不活。"正此谓也。亦有谀以笔而实讥之者，亦有骂以笔而若誉之者。总以不笔为高。

注释

① 谀：用不实的言语奉承谄媚人。

译文

不得已要去阿谀奉承的，宁可用口不要用笔；不能忍耐要骂人的，仍是宁可用口不要用笔。

评析

“文章千古事，得失寸心知。”这是唐代大诗人杜甫晚年对诗歌创作的见解。而三国时期魏国的开国皇帝曹丕也曾说道：“文章，经国之大业，不朽之盛世。”古人是非常郑重地看待手中的这支笔的，对笔有着非常深的敬畏之情。而且，自古以来，人们就把笔看作实现人生三不朽即“立德、立功、立言”的工具。所以，笔是不容亵渎的，用笔写下的文章是要流传后世的，是要被人品评和议论的。如果用笔写下一些污秽不堪之语，就会产生极为恶劣的影响，而且，这种影响是不可逆的。

第一三〇则

原典

多情者必好色，而好色者，未必尽属多情；红颜者必薄命，而薄命者，未必尽属红颜；能诗者必好酒，而好酒者，未必尽属能诗。

原评

张竹坡曰：情起于色者，则好色也，非情也。祸起于颜色者，则薄命在红颜否？则亦止曰：命而已矣。

洪秋士曰：世亦有能诗而不好酒者。

译 文

多情的人一定喜欢美色，但喜好美色的人不一定都是多情的人；美貌的女子命运一定多劫，而命运多劫的人不一定都是美人；能够写诗的人一定都喜欢喝酒，但喜欢喝酒的人不一定都能够写诗。

评 析

我们在看待事物的时候，需要用全面的眼光客观地看待。否则，就会对事物的认识有所偏差，甚至导致错误的结果。

在这段文字中，作者认为多情的人一定喜欢美色，但喜好美色的人不一定都是多情的人。爱美之心人皆有之，对美好的事物每个人都会倾慕，而那些纯粹喜好美色的人，只是出于动物的本能，所以他们不多情也并不是什么奇怪的事。

还有，美貌的女子命运一定多劫，而命运多劫的人不一定都是美人。自古红颜多薄命，这是封建社会的普遍现象，她们大多只是男人的玩物或传宗接代的工具，所以命运大多比较悲惨。然而，在那样的时代，命运多劫的又岂止那些美貌的女子，还有很多不幸的人同样命比纸薄，只不过是美人的香消玉殒更令人惋惜罢了。

另外，能够写诗的人一定都喜欢喝酒，但喜欢喝酒的人不一定都能够写诗。酒能够助诗兴，激发灵感，故而写诗的人大都好酒，正如李白就能“斗酒诗百篇”。然而，喜欢喝酒的人就不一定能够写诗了。这个很容易理解，因为爱好喝酒的人不一定爱好作诗。

第一三一则

原 典

梅令人高，兰令人幽，菊令人野，莲令人淡，春海棠令人艳，牡丹令人豪，蕉与竹令人韵，秋海棠令人媚，松令人逸，桐令人清，柳令人感。

原 评

张竹坡曰：美人令众卉皆香，名士令群芳俱舞。

尤谨庸曰：读之惊才绝艳，堪采入《群芳谱》[①]中。

吴宝崖曰：《幽梦影》令人韵。

陈留溪曰：心斋种种著作，皆能令人馋。

注 释

① 群芳谱：明代王象晋编撰的介绍栽培植物的著作。

译 文

梅花使人高洁，兰花使人幽静，菊花使人野气横生，莲花使人淡雅，春海棠使人艳丽，牡丹使人豪放，芭蕉与竹子使人有风韵，秋海棠使人妩媚，松树使人飘逸，梧桐树使人纯净，柳树使人感叹。

评 析

人的情感是十分丰富而复杂的，在观赏和把玩物品的时候，往往会把自己的情感、品格和追求投射到其中，让其为自己发声，为自己代言。尤其是在一些不便明说的场合或是不能明言的时代。或许，也正是因为这样，才造就了我们整个民族的特点——含蓄委婉，喜欢把情感诉之于物。

在这里，作者就赋予了每一种植物特定的内涵。

第一三二则

原 典

物之能感人者，在天莫如月，在乐莫如琴，在动物莫如鹃，在植物莫如柳。

原 评

王宓草曰：于垂柳下对月弹琴，或闻杜鹃啼数声，此时令人百感交集。[①]

袁翔甫补评曰：问之物而物不知其所以然也，问之人而人亦不知其何以故也。②

注 释

① 此则评语是根据清刊本补。

② 此则评语是根据《啸园丛书》本补。

译 文

万物能使人感动的，在天上没有能比得过月亮的，在乐器中没有能比得过琴的，在动物中没有能比得过杜鹃的，在植物中没有能比得上柳树的。

评 析

万物有灵论，是一种相信某种神灵能够使物体具有生命现象的信仰，虽缺乏科学依据，但却也有几分可借鉴的意义。在这种观点下，万物似乎都能够拥有人类的情感及感知。英国著名哲学家休谟在《宗教自然史》中分析道："人们身上普遍存在着这样一种意向，即认为一切生物都跟他们自身相类似，并把这些他们非常熟悉和他们完全理解的……品格转移到每一种物象上面。"

原来，物之所以能够感人，实际上是因为人们对事物投入了太多的情感，赋予了它们太多的人的属性和品格。

月亮之所以感人，是因为月有阴晴圆缺，能够带给人各种复杂的感受和体验；琴之所以感人，是因为琴能够发出或幽怨、或相思、或喜悦、或艳羡、或志向高远的琴音，让人产生无限遐想；杜鹃之所以感人，是因为它有着“杜鹃啼血”的哀怨，使人不知不觉伤感；柳树之所以感人，是因为它有折柳赠人，以表挽留的意味。

第一三三则

原 典

妻子颇足累人，羡和靖[①]梅妻鹤子；奴婢亦能供职，喜志和[②]樵婢渔奴。

原 评

尤悔庵曰：梅妻鹤子、樵婢渔童，可称绝对，人生眷属得此足矣。

注 释

① 和靖：林和靖，自谓“以梅为妻，以鹤为子”，人称“梅妻鹤子”。

② 志和：张志和，唐代诗人，隐居于太湖流域一带，以渔樵为乐。唐肃宗曾赐给他一奴一婢，志和让他们结为夫妇，并取名“渔童”和“樵青”。

译 文

妻子和儿女最使人受累，真羡慕林和靖以梅为妻，以鹤为子；奴仆婢女也能担任职务，令人欣喜的是张志和竟然让奴和婢结为夫妇，婢女为他砍柴，奴仆为他打鱼。

评 析

中国现代作家钱钟书先生曾说："婚姻就像是一座围城，城外的人想进去，城内的人却想出来。"其实，不止是婚姻，人生在世，就是一个不断追逐和放弃的过程。而人的劣根性也决定了对得不到的东西往往抱有美丽的幻想，而对于得到的却又觉得是负累。作者在这里的描述也多多少少透露出了这样的意味。

作者认为，妻子儿女是最让人受累的，他十分羡慕北宋著名诗人林和靖。林和靖隐于西湖孤山，终生不仕不娶，"以梅为妻，以鹤为子"，过得逍遥自在。同时，唐人张志和也令作者羡慕不已。张志和有感于宦海风波和人生无常，弃官弃家，浪迹江湖，隐于太湖，以渔樵为乐。

在作者心里，林和靖和张志和是快意自在的，没有负累，没有束缚，过的是一种十分悠然舒服的生活。作者对这两个人满是羡慕之情，认为自己的生活被家庭捆绑，深受妻子儿女的拖累。

作者在这里所阐述的观点是十分狭隘的。追求自由自在的生活虽然无可厚非，但是不能忘记身上的责任，而这份责任带给我们的不仅仅是苦涩和束缚，还有乐趣和温暖。自由自在固然是好，但是家庭和家人却能够给我们以温暖和依靠，在家人的呵护和陪伴下，我们的生活才会更加安稳和温馨。

第一三四则

原 典

涉猎虽曰无用，犹胜于不通古今；清高固然可嘉，莫流于不识时务。

原 评

黄交三曰：南阳抱膝[①]时，原非清高者可比。

江含徽曰：此是心斋经济语。

张竹坡曰：不合时宜则可，不达时务奚其可？

尤悔庵曰：名言名言。

注 释

① 南阳抱膝：南阳指诸葛亮，抱膝指用手抱膝而坐，若有所思的样子。

译 文

涉猎广泛虽说没有太大用处，但胜过对于古今一无所知；清高固然值得赞赏，但是不要流于不识时务。

评 析

学识广博、涉猎广泛，是人们对读书人的一种肯定。这样的人知识面很宽，总能够在遇到问题和麻烦的时候提出自己的见解和看法，他们有自己的一套解决方案，尽管有时候并不是太专业、有效。可是，总的来说，还是让人十分钦佩的。但作者却并不这样认为。

作者认为涉猎广泛其实并没有什么太大的用处，只是比那些对古今一无所知的人要好一些罢了。实际上作者是针对要精通和钻研一门学问来说的。虽好读书但不求甚解，即使拥有广博的知识，但并没有真正精通，也就不可能对所涉猎的知识融会贯通，最终运用到实处。因此，作者对这种博览群籍而不求专精，只知道皮毛的研究学问的方法是极不赞同的。

接着，作者又对清高这一品格进行了论述。大多数时候，人们对清高都是饱含赞赏之意的，这样的人不会与世俗同流合污，不会轻易地曲意逢迎，摧眉折腰，他们有自己的操守、坚持和骄傲。而作者却写道，清高固然值得赞赏，但却不能变成不识时务、固守自己，不懂得吸收和接纳新事物。

时代在发展，社会在不断进步，所谓“识时务者为俊杰”，只有认清并顺应时代发展的潮流，才能够成为优秀的人才。但如果只是一味地固守自己所谓的清高，不肯放下骄傲，那么清高就会成为顽固不化、固执守旧、不思进取。

第一三五则

原典

所谓美人者，以花为貌，以鸟为声，以月为神，以柳为态，以玉为骨，以冰雪为肤，以秋水为姿，以诗词为心，吾无间然矣[①]。

原评

冒辟疆曰：合古今灵秀之气，庶几铸此一人。

江含徵曰：还要有松蘗之操才好。

黄交三曰：论美人而曰“以诗词为心”，真是闻所未闻。

注释

① 吾无间然矣：我没有什么可挑剔的了。

译文

所说的美人，要有鲜花一样的容貌、鸟鸣一样的声音、明月一样的精神、柳一样的体态、玉一样的骨骼、冰雪一样的肌肤、秋水一样的资质、诗词一样的情感，这样我就无可挑剔了。

评析

不同时代对于美人的理解和定位是不同的，这是时代观念的不同，也有个体审美观念上的差异。战国时楚王好细腰，唐代却又以丰腴为美，而后来人们又以三寸金莲作为审美的标准。可见，一个时代和一个时代的审美态度是不同的。

而作者在这里也对美人的姿态进行了一番阐释，表达了自己的审美观念和审美趣味。作者写道：美人要有花一样的容貌，要有鸟鸣一般的声音，要有月亮一样的神韵，要有柳枝一样的体态，要有玉一样的骨骼，要有冰雪一样的肌肤，要有秋水一样的资质，要有诗词一样的情感。

从这段文字中，我们发现作者对美的要求，既重形态又重内在。不过，作者这一系列的描述仍然没有摆脱女性作为男子附属物的卑微地位的束缚。

第一三六则

原 典

蝇集人面，蚊嘬[1]人肤，不知以人为何物。

原 评

陈康畴曰：应是头陀[2]转世，意中但求布施也。

释菌人曰：不堪道破。

张竹坡曰：此南华[3]精髓也。

尤悔庵曰：正以人之血肉，只堪供蝇蚊咀嚼耳。以我视之，人也，自蝇蚊视之，何异腥膻臭腐乎！

陆云士曰：集人面者，非蝇而蝇；嘬人肤者，非蚊而蚊。明知其为人也，而集之嘬之，更不知其以人为何物。

注释

① 嘬：聚缩嘴唇而吸取，此处指叮咬。

② 头陀：佛教苦行之一，用以称呼行脚乞食的和尚。

③ 南华：《南华经》，也叫《南华真经》，即《庄子》的别名。

译文

苍蝇聚集在人的脸上，蚊子叮咬人的皮肤，不知道它们把人当成了什么东西。

评 析

在清朝的封建统治下，社会的黑暗和腐朽一步步地暴露出来，人们不思进取、贪图享乐，贪污腐败之风愈演愈烈，骄悍善战的八旗子弟挥金如土，生活变得糜烂、骄奢。由此，社会陷入黑暗、污浊之中。而作者不堪忍受这样的社会，故而诉诸文字，发起强烈的鞭挞和抨击。作者在这里大声疾呼，希望人们能够及时觉醒，不要再放任这些污浊之物横行其道，肆无忌惮，任意践踏人们的尊严和权利。

只不过，作者用这种文字对社会进行指控是起不了什么作用的，社会制度的腐败并非只言片语便能产生效果。但是，我们却能感受到作者对社会深切的关心，对国家前途深深的忧虑。

第一三七则

原 典

有山林隐逸之乐而不知享者，渔樵也、农圃也、缁黄[①]也；有园亭姬妾之乐而不能享、不善享者，富商也、大僚也。

原 评

弟木山曰：有山珍海味而不能享者，庖人也；有牙签玉轴[②]而不能读者，蠹鱼也、书贾也。

注释

① 缁黄：指僧道。僧人缁服（即黑色衣服），道士黄冠，故称。

② 牙签玉轴：卷型古书的标签和卷轴，借指书籍。其中，牙指象牙，玉指美玉，用以形容书籍之精美。

译文

拥有山林的乐趣却不知道享受的，有渔夫、樵夫、农夫、僧人和道士；有庭院高阁、妻贤妾美的快乐却不能享受、不善于享受的，是富商和位高权重的人。

评析

不知珍惜和爱护所拥有的，却要费尽心力去追求没有的，这其实就是很多人不快乐、缺少幸福感的根源。俗话说“人生不如意事十之八九”，所以我们不可能把所有的美好都收入囊中，不可能所有的心愿都能达成。其实只要我们能够对于已经拥有的足够珍惜，学会知足、感恩，那么幸福和快乐就不会离我们太远。

现实情况是有很多的人一直处在追逐的路上，即使拥有了也来不及欣赏或是不知道珍惜，从而一直保持疲于奔命的状态，始终感受不到快乐和满足。

渔夫、樵夫、农夫和僧人都有山林相伴，周围环境优美，可他们却浑然不觉，对这些美景视若无睹，一心追求自己获得更多的劳动成果。而那些达官显贵、富商大贾，虽然拥有庭院高阁、娇妻美妾，但是也因为整日为更多更大的名利而奔波劳碌，使得周围的美景佳人形同虚设，自己却无暇享受。

所以，放开胸怀，珍惜和享受身边美好的事物才是获取快乐和幸福的捷径。

第一三八则

原 典

黎举云：欲令梅聘海棠，枨子（橙）臣樱桃，以芥嫁笋，但时不同耳。予谓物各有偶，拟必于伦。今之嫁娶，殊觉未当。如梅之为物，品最清高，棠之为物，姿极妖艳。即使同时，亦不可为夫妇。不若梅聘梨花，海棠嫁杏，橼臣佛手，荔枝臣樱桃，秋海棠嫁雁来红，庶几相称耳。至若以芥嫁笋，笋如有知，必受河东狮子之累矣。

原 评

弟木山曰：余尝以芍药为牡丹后，因作贺表一通。兄曾云：“但恐芍药未必肯耳。”

石天外曰：花神有知，当以花果数升谢蹇修[1]矣。

姜学在曰：雁来红做新郎，真个是老少年[2]也。

注 释

① 蹇修：代指媒人。

② 老少年：即雁来红，产自亚洲热带地区，苋科一年生草本植物。

译文

黎举说：想让梅花给海棠下聘，枨子臣服于樱桃，让芥菜嫁给竹笋，但是时令不同。我认为万事万物都有自己的配偶，一定要合乎天伦。现在的嫁娶，觉得很不恰当。比如梅花作为一种植物，品质最清正高洁，海棠作为一种植物，姿态极其妖冶艳丽。即使是同一时令，也不能成为夫妻。不如让梅花娶梨花，海棠嫁给杏花，橼臣服于佛手，荔枝臣服于樱桃，秋海棠嫁给雁来红，这样差不多相称。至于如果将芥菜嫁给竹笋，竹笋若有感知，一定会受到悍妇的拖累。

评析

在封建社会，婚嫁之事向来是“父母之命，媒妁之言”，婚嫁的当事人一般是没有什么自主权的，他们不能根据自己的喜好来自由选择自己的另一半。而且，对于那些达官显贵、巨商富贾来说，还要讲究门当户对。所以，古时人们的婚姻都是由外界的客观条件决定的，而并非出自婚嫁双方的自由意志。也正是因为这样，婚嫁双方大多在婚后才暴露出各种各样的问题，从而使婚姻酿成了一杯苦酒。

作者在这里借用植物之间的搭配对古时的婚嫁之事进行了一番论述。作者写道，要让梅树娶海棠，让枨子臣服于樱桃，让芥菜嫁给竹笋，是不可能的。不仅仅是生长的时间不同，更重要的是它们的性情、品格不匹配。比如，梅花清高，海棠艳丽，它们就无法磨合在一起。

由此，作者认为万事万物都应当有自己的配偶，都应当彼此契合才行。否则，就只能带来不好的结果。不过，作者虽然这样说，作为士大夫阶层，他自己的婚嫁之事终究是难以自主的。所以，我们也可以从这段文字中，体会到作者对现实的感慨和无奈。

第一三九则

原典

五色①有太过，有不及，惟黑与白无太过。

原评

杜茶村曰：君独不闻唐有李太白乎？

江含徵曰：又不闻“元之又元”②乎？

尤悔庵曰：知此道者，其惟弈乎？老子曰：“知其白，守其黑。”

注释

① 五色：原指青、黄、赤、白、黑，也泛指各种颜色。

② 元之又元：即玄之又玄，本指深奥、神妙，此处借指“玄”

黑色义。

译文

各种颜色中有的超过了限度，有的达不到，只有黑和白没有超过限度之处。

评析

儒家讲究中庸之道，也就是不偏不倚，折中之道。不容置疑，这是极具智慧的理论，也是中国文化的精髓。作为一种方法论，这种方法已经深深地融在了与中国文化相关的每一个元素里，不知不觉成为人们的思维模式和价值观念。所以，在这样的观念下，人们对事物进行评价和判断的时候，也往往保持着这种中庸的观念。

作者认为，我们生活中所见的各种各样的颜色，有的是太浓郁了，而有的又太暗淡了，似乎还没有达到它应有的饱和度。而在众多的颜色中，也只有黑色和白色比较适中，既没有超过限度，显得过于浓郁，也没有因达不到限度而显得暗淡。

事实上，这也体现了作者的价值判断，也就是最好的状态即是中庸。对颜色如是，对人也是如此。平和谦逊，不哗众取宠，也不卑微怯懦，不走极端，那么就更加容易为他人所接受。相反，过于极端的话，则注定只是少数人欣赏的对象。

第一四〇则

原 典

许氏[1]《说文》分部，有止有其部而无所属之字者，下必注云，凡某之属皆从某。赘句，殊觉可笑，何不省此一句乎？

原 评

谭公子曰：此独民县到任告示耳。

王司直曰：此亦古史[2]之遗。

注 释

① 许氏：指许慎，东汉经学家、文字学家，著有《说文解字》。

② 古史：宋代苏辙所撰。据说，他认为司马迁的《史记》不得圣人之意，于是根据《史记》写《古史》。

译 文

许慎的《说文解字》中划分部类，有只有其部类却没有所附属的字的，下边一定注释说，凡是某部所属都归某某部。这是多余的话，我觉得很可笑，为什么不省去这一句呢？

评 析

《说文解字》是东汉经学家许慎所著，他根据文字的形体，创立了 540 个部首，将 9 353 个字分别归入 540 部。首先，作为字书，《说文解字》有统一的格式体例，如此才能够条理清晰，避免此部与他部产生混淆。

可是作者认为这也要具体问题具体分析，“凡某之属皆从某”作为这部字书的统一格式，有时是纯属多余的。比如，“才”部独“才”字，下面会注：“凡才之属皆从才。”

文字的发展是不断向前推进的，当时虽只有独部，但不能保证日后不会有新字产生。所以，《说文解字》中这样的文字说明并不可笑。

第一四二则

原 典

阅《水浒传》，至鲁达打镇关西、武松打虎。因思，人生必有一桩极快意事，方不枉在生一场。即不能有其事，亦须著得一种得意之书，庶几无憾耳。（如李太白有贵妃捧砚[①]事，司马相如有卓文君当垆[②]事，严子陵有足加帝腹[③]事，王之涣、王昌龄有旗亭画壁[④]事，王子安有顺风过江作《滕王阁序》事之类。）

原 评

张竹坡曰：此等事必须无意中方做得来。

陆云士曰：心斋所著得意之书颇多，不止一打快活林、一打景阳岗称快意矣。

弟木山曰：兄若打中山狼更极快意。

注 释

① 贵妃捧砚：唐太宗宴请李白，酒酣之际命李白作诗，李白要求高力士为其脱靴，杨贵妃为其磨墨捧砚。

② 卓文君当垆：《史记·司马相如列传》，人们常以此比喻美女卖酒，或表现饮酒和爱情，同时也常用来描写蜀地风情。

③ 足加帝腹：严子陵即严光，与光武帝刘秀是同学。见《后汉书·逸民传·严光》：“复引光入，论道旧故，相对累日。帝从容问光曰：‘朕何如昔时？’对曰：‘陛下差增于往。’因共偃卧，光以足加帝腹上。”

④ 旗亭画壁：唐代诗人王之涣、王昌龄等人在旗亭饮酒，听歌姬唱各人的诗歌，每唱一首就在壁上画一下作记号，看谁的诗被唱得多。

译文

阅读《水浒传》，看到鲁达拳打镇关西、武松打虎。因此想到人生中必定要做一件十分快意的事情，才不枉在世上活一场。即使不能有这样的事，也必须写一本得意的书，这样才没有遗憾。（像李白有杨贵妃为他捧砚台，司马相如有卓文君为他当垆卖酒，严子陵将脚放在帝王的肚子上，王之涣、王昌龄有旗亭画壁论诗比高低，王勃有山水助诗风，一夜之间作了《滕王阁序》这样的事情。）

评析

“五花马，千金裘，呼尔将出换美酒，与尔通销万古愁。”这是唐代诗人李白的快意人生，令人羡慕不已。人生在世必然要有一件快意之事，才不虚此生。

作者在这里提到鲁智深三拳打死镇关西、武松景阳冈徒手搏白虎。这两人都是快意恩仇、坦荡磊落的典型代表。但是，对于作者的时代而言，这样打打杀杀的事情又不合时宜，况且快意人生并非只是打打杀杀，也可以做一些随性而又有益于社会和人民且无伤大雅的事情。

快意可能会有一些小的任性、放纵，但不是毫无节制的任意胡为，而是在正义和真理面前的一种自由随性的人生。它的精神是积极的、有益的，充满正能量的。

第一四二则

原 典

春风如酒，夏风如茗，秋风如烟，冬风如姜芥。

原 评

许筠庵曰：所以秋风客气[1]味狠辣。

张竹坡曰：安得东风[2]夜夜来。

注 释

① 客气：言行虚骄，并非出自真情实意。

② 东风：春风。

译 文

春风像酒一样醉人，夏风像茶一样清新，秋风像烟一样虚无，冬风像生姜、芥末一样老辣猛烈。

评 析

自然赋予四季不同的使命，使之具备了不同的特色，从而使得一年的时光多姿多彩，充满变化和趣味。

春风温暖轻柔，隐隐还夹杂着泥土和新生植物萌发的气息，犹如馨香的美酒一样惹人沉醉；夏季炎热干燥，酷暑难耐，大地就像要被烤焦了一样，这时一阵夏风吹来，就犹如饮下了一杯清凉的茶，

让人身心舒畅，回味良久；秋季萧瑟，万物凋零，这时的秋风就更加令人感到凄凉和萧索；冬季的风凛冽刺骨，令人战栗，呼啸而过，让人难以抵挡。

第一四三则

原典

冰裂纹[①]极雅，然宜细不宜肥。若以之作窗栏，殊不耐观也。（冰裂纹须分大小，先作大冰裂，再于每大块之中作小冰裂方佳。）

原评

江含徵曰：此便是哥窑[②]纹也。

靳熊封曰："一片冰心在玉壶"[③]，可以移赠。

注释

① 冰裂纹：又称开片，是一种古老的陶瓷烧制工艺，原属于龙泉青瓷中的一个品种，因其纹片如冰破裂，裂片层叠，有立体感而称之。

② 哥窑：宋代五大名窑，即官、哥、汝、定、钧。在哥窑的各种釉裂纹片中，"冰裂纹"排名首位。

③ 一片冰心在玉壶：出自唐代诗人王昌龄的《芙蓉楼送辛渐》。其中，玉壶常比喻高洁。

译文

瓷器中所说的冰裂是非常雅致的，但是纹路要细小不要太粗。如果用这种瓷器作窗栏，那就很不耐看了。（冰裂纹须要分大小的，先造大的冰裂纹，再在每个大块中做小的冰裂纹，这样才好。）

评析

“冰裂纹”，也就是开片，它是高温瓷器骤冷开裂而形成的纹路，因其纹片如冰破裂，裂片层叠，有立体感而称之，又叫断纹瓷。其中，宋代哥窑出产的瓷器上的冰裂纹最为典型。在这里，作者解释了这种冰裂纹的鉴赏和制作方法，为我们鉴赏瓷器提供了借鉴。

作者认为，冰裂纹不能太粗，要细小才是上品。由此，作者提出对于冰裂纹，要先做大冰裂，然后再在每个大块中做小的冰裂纹，这样效果才好。显然，这也是我们鉴赏冰裂纹优劣的一个方法。另外，作者认为，如果用冰裂纹的瓷器作窗栏的话，那就显得不好看了。

所以，放错了位置的东西，即使是价值连城的艺术品也会让人生厌。一件上好的艺术品要展现出它应有的价值是非常不容易的，首先要有复杂精巧的制作工艺，其次还要把它放在适当的位置，如此它才能真正展露其价值，受到人们的喜爱和推崇。

第一四四则

原 典

鸟声之最佳者，画眉第一，黄鹂、百舌次之，然黄鹂、百舌①世未有笼而畜之者。其殆高士之俦②，可闻而不可屈者耶。

原 评

江含徵曰：又有“打起黄莺儿”③者，然则亦有时用他不着。

陆云士曰：“黄鹂住久浑相识，欲别频啼四五声。”来去有情，正不必笼而畜之也。

注 释

① 百舌：鸟名，也称为反舌。体形像八哥，羽毛呈灰黑色，有斑点，嘴尖色黑，行动时头部向下，喜食蚯蚓。

② 俦：同伴，伴侣。

③ 打起黄莺儿：出自唐代金昌绪诗《春怨》：“打起黄莺儿，莫教枝上啼。啼时惊妾梦，不得到辽西。”

译 文

鸟儿的声音最好听的，画眉鸟第一，黄鹂和百舌第二，然而世上没有用笼子将黄鹂和百舌装起来喂养的。它们大概是高洁之士的伴侣，只可以听其声音而不可使它们屈服于人。

评 析

作者认为，在鸟类之中鸣叫的声音最好听的当属画眉鸟，其次是黄鹂鸟和乌鸫鸟。尽管如此，作者对画眉鸟并没有什么赞美之词，因为作者认为画眉鸟常常被人圈养，黄鹂鸟和乌鸫鸟却从来都不属于牢笼，它们有着高洁孤傲的品质，不肯屈从于人。

事实上，作者看似是在写鸟的叫声，实际上却是在表达自己对社会时局的看法，表达自己的一种理想和追求。画眉鸟虽然叫得好听，但是被圈养在牢笼之中，谄媚逢迎之态尽显，这就好像那些朝廷大臣、达官显贵的奴役和走狗，只为取悦主人。

而黄鹂鸟和乌鸫鸟虽然叫的声音没有那么好听，但是它们自由自在，游荡山林，它们就像真正的隐士和品格高洁之人，它们不屈从，不谄媚，不折腰，用自己的方式铸造着属于自己的传奇。

第一四五则

原 典

不治生产，其后必致累人；专务交游，其后必致累己。

原 评

杨圣藻曰：晨钟夕磬[1]，发人深省。

冒巢民曰：若在我，虽累人累己，亦所不悔。

宗子发曰：累己犹可，若累人则不可矣。

江含徵曰：今之人未必肯受你累，还是自家隐些的好。

注释

① 晨钟夕磬：晨钟即寺院早晨报时的钟声，夕磬即晚上和尚敲击铜乐器的声音。后来多指及时的警戒。

译文

不从事劳动生产，这样的后果一定会使他人受拖累；一心只知道交友应酬，这样的后果必定会使自己受到牵累。

评析

劳动的人最光荣，这不仅仅是一句口号，而是真正的至理名言和生存之道。当然，这里的劳动并非是从事农务或是单纯的体力的支出，而是切身实地地付出，拥有自己的一份职业。职业是实现个人价值的重要途径，也是营造幸福生活的重要保障。如果没有一份工作，一份自己的事业，把全部的希望都寄托在别人的身上，依赖于他人，那么就一定会拖累他人，久而久之，这种拖累还会遭到嫌弃。

而交朋友也并非越多越好，如果把时间全部花费在交友上，那样不仅不能让朋友成为自己的助力，还会增加自己的负累。事实上，只要自己的综合实力提升上去了，交朋友也就成了顺理成章的事情。时至今日，这句话对我们立身处世仍具有极大的教益，我们一定要时刻牢记：亲事劳动，毋专交友。

第一四六则

原 典

昔人云："妇人识字，多致诲淫。"[①]予谓此非识字之过也。盖识字则非无闻之人，其淫也，人易得而知耳。

原 评

张竹坡曰：此名士持身不可不加谨也。

李若金曰：贞者识字愈贞，淫者不识字亦淫。

注 释

① 妇人识字，多致诲淫：见明代徐学谟《归有园尘谈》："妇人识字，多致诲淫；俗子通文，终流健讼。"

译 文

过去有人说："妇女认识字，大多会导致淫荡。"我认为这不是识字的过错。大概因为妇女如果识字，她就不会是一个默默无闻的人，她的淫秽，人们更容易察觉罢了。

评 析

在封建社会，女子的地位一向是十分低微和卑贱的，她们作为男子的附属物，一直被定义为“女子无才便是德”。所以，她们往往只被留在闺房之中等待出嫁，而嫁人之后也不能抛头露面，要恪守“三从四德”“男尊女卑”等观念和规矩。由此，读书识字也就成为了男子的专利和特权，一般女子根本没有读书识字的机会。

而且，当时人们认为女子读书识字便是淫秽及不守女德的开始。无疑，这是一种荒谬的扼杀人性的理论。而在这里作者也提出了自己的看法，他认为女子的淫秽并不是读书识字的过错，是因为女子读书识字之后就不会再默默无闻，不为人知，她会逐渐从幕后走到台前，被越来越多的人知晓，因此她的淫秽之举也就更容易被人察觉。

可见，作者并没有跳出歧视女性的思想牢笼，在作者眼里，对女子读书识字仍然怀有极大的偏见，对女性也没有基本的尊重和正确的认知。当然，这是封建社会制度导致的。

第一四七则

原 典

善读书者，无之而非书：山水亦书也，棋酒亦书也，花月亦书也。善游山水者，无之而非山水：书史亦山水也，诗酒亦山水也，花月亦山水也。

原 评

陈鹤山曰：此方是真善读书人、善游山水人。

黄交三曰：善于领会者当作如是观。

江含徵曰：五更卧被时有无数山水书籍在眼前胸中。

尤悔庵曰：山耶、水耶、书耶，一而二，二而三，三而一者也。

陆云士曰：妙舌如环，真慧业文人[1]之语。

注 释

① 慧业文人：指生来就具有智慧业缘并会作文章的读书人。其中，慧业在佛教中指生来赋有智慧的业缘。

译 文

善于读书的人，没有什么不是书的：山水是书，棋和酒是书，鲜花和明月也是书。喜欢游览山水的人，没有什么不是山水的：书史是山水，诗和酒是山水，花和月也是山水。

评 析

知识和智慧是无所不在的，它并非只存在于书籍之中。要知道，其实我们身处的社会就是一部大百科全书，其中囊括着方方面面的知识。由此，作者在这里说道，对于喜欢读书的人来说，没有什么不能称为书的。无论是山水、棋、酒还是鲜花和明月，都可以成为我们获取知识的书籍，供我们阅读和欣赏。而且，它们更加丰富，更加深刻。

同样的，对于喜欢游览山水风物的人，山水风物其实也是无所不在的。比如，书史可以为山水，诗酒可以为山水，花月也可以为山水。因为真正喜欢山水的人，是喜欢山水之精神，而不仅仅是喜欢山水之表面形态。而书史、诗酒、花月也能传递出山水之精神，有山水之内蕴。

作者在这里彰显的是一种人生的大智慧，也就是说，只有不拘泥于外在的形态，从心出发，去寻求美好的事物，才能够摆脱局限，获得更大的自由，汲取到更加丰富的营养。所谓处处留心皆学问即是如此。

第一四八则

原 典

园亭之妙，在丘壑布置，不在雕绘琐屑。往往见人家园亭，屋脊墙头，雕砖镂瓦，非不穷极工巧。然未久即坏，坏后极难修葺。是何如朴素之为佳乎？

原 评

江含徵曰：世间最令人神怆[①]者，莫如名园雅墅一经颓废，风台月榭埋没荆棘，故昔之贤达有不欲置别业者。予尝《过琴虞留题名园》句有云："而今绮砌雕阑在，剩与园丁作业钱。"盖伤之也。

弟木山曰：予尝悟作园亭与作光棍二法：园亭之善在多迴廊，光棍之恶在能结讼。

注 释

① 怆：悲伤。

译 文

园林亭台的巧妙之处在于丘陵与沟壑的匠心独运布置，而不在于精雕细刻。常常看见别人家的园林亭台、屋脊墙头、雕砖镂瓦，并不是没有精工巧琢。只是过不了多长时间就会坏掉，坏了之后很难修整，这哪能比得上那些朴实素雅的呢？

评 析

“清水出芙蓉，天然去雕饰。”大诗人李白的这句诗不仅可以用来修饰芙蓉花的美，也十分契合晚明时期亭台楼阁的建造艺术旨趣，即模仿自然。实际上，亭台楼阁的建造是出于人们对自然的神往和追求，以求能够在闲暇时漫步其中，体会自然之妙趣，感受自然之神韵。因此，我国古代的亭台楼阁建筑大都十分讲究与自然的契合，讲究丘陵和沟壑的匠心独运，精巧构思，使得自然和艺术完美地融合在一起，而非执着于细节的精雕细琢。

在这里，作者列举了有些人家的园林亭台、屋脊墙头、雕砖镂瓦，莫不是精工巧琢，以突显其豪华富贵，但是却忽视了园林的本质内涵，徒添摆阔显富之丑态。

而且，这样精雕细琢的物件，过不了多长时间就会坏掉，坏了之后还很难修复，于是，这样的园林亭台不适合人们休闲和放松，人们身处其中要时刻小心谨慎，唯恐造成什么损失，还要花费时间和精力去修复，园林亭台就成为了一种精神的负累和枷锁。所以，这样的园林哪有那些朴实素雅、贴近自然的好呢！

第一四九则

原 典

清宵独坐，邀月言愁；良夜孤眠，呼蛩①语恨。

原 评

袁士旦曰：令我百端交集。

黄孔植曰：此逆旅无聊之况，心斋亦知之乎？

注 释

① 蛩：蟋蟀。

译 文

在清幽的夜晚独坐，只好邀来明月诉说愁苦的思绪；美好的夜晚，一人独自入眠，呼唤蟋蟀来诉说怨恨。

评 析

夜晚总是容易牵动人们的思绪，尤其是在一个静谧的月光明亮的夜晚。在这样的环境下，文人雅士难免会有这样或那样的感慨。

在这清幽沉静的夜晚，作者一个人独坐，思绪纷飞，身边却只有明月相伴，所以只能向明月诉说自己愁苦的思绪。在这美好的夜晚，无事可做只能孤枕入眠，而这时周遭的蟋蟀声也更加突出了夜晚的静谧以及作者内心的孤寂。

第一五〇则

原 典

官声采于舆论，豪右①之口与寒乞之口俱不得其真；花案②定于成心③，艳媚之评与寝陋④之评概恐失其实。

原 评

黄九烟曰：先师有言："不如乡人之善者好之，其不善者恶之。"

李若金曰：豪右而不讲分上⑤，寒乞而不望推恩者，亦未尝无公论。

倪永清曰：我谓众人唾骂者，其人必有可观。

注释

① 豪右：豪强大族。

② 花案：指涉及色情、奸淫的事件。

③ 成心：偏见，成见。

④ 寝陋：丑陋。

⑤ 分上：情分，情面。

译文

官员为官的名声来自于公众的评说，从豪门望族和贫贱的百姓口中得到的话，都是不可以相信的；审理涉及色情、奸淫的案子，如果出于偏见，依据女子容貌的艳丽娇媚或丑陋来评断，大概要失去真实性。

评析

人们对事物和他人的评价和判断往往带有极大的主观性，因此不同的人即使是同一件事也会有不同的甚至是截然相反的看法。毕竟，他们的看法都是基于自己的立场和利益等众多因素来考虑的。

在作者看来，我们要了解一个为官之人的名声，需要从公众的评论中得知，而非那些豪门望族、达官贵人或是贫民，从这两个渠道得到的信息都不是真实而全面的。因为，这些豪门显贵对于清廉的官吏是深恶痛绝的，对于那些与他们勾结在一起的贪官污吏，却有庇护之心，而生活在社会最底层的人衣不能蔽体，食不足以果腹，希望得到更多的恩惠，故而对官吏的评价也会因为自身的处境而有失客观。

另外，作者认为，在审理奸淫案件时，如果只依据女子容貌的艳丽或是丑陋来作评断，也会有失其真实性。可见，要想得到事物的最客观真实的结论，就要顾及到多方面的因素，而非听取一家之言。

第一五一则

原 典

胸藏丘壑，城市不异山林；兴寄烟霞，阎浮[1]有如蓬岛。

原 评

袁翔甫补评曰：“旷达”二字由于天性，先生之风，山高水长。[2]

注 释

① 阎浮：梵语的音译，树名。此处作阎浮提，意为南瞻部洲，借指人世间。

② 此则评语是根据《啸园丛书》本补评。

译 文

胸中藏有千丘万壑，虽然生活在城市，但和隐居山林没有什么区别；兴趣寄托在烟霞云雾之中，虽然生活在尘世，也如同身处蓬莱仙岛。

评 析

有时候，人类生存的环境不是能够自由选择的。我们常常不得不在我们并不喜欢的环境中生存，而这时候唯一的解决之道就是从自己的心理入手，培养和塑造自己的个人修养和品位，转移自己的情感诉求。如此，即便我们在不堪的环境中，也能聊以慰藉，心有归处。

在这里，作者所论述的正是这样的一种状态和感受。作者认为，尽管我们生活在城市里，有太多的压抑、拘束和让我们不耐烦、不顺心的事情，但是如果我们心中存有山林丘壑，心怀坦荡，能够忘却城市带给我们的所有烦恼和忧愁，那么生活在城市还是生活在山林，也就没什么区别了。所谓“此心安处是吾乡”，即是如此。

与此相应的，如果我们能够把兴趣寄托在烟霞云雾之中，淡泊名利，身心俱净，不陷于世俗情愁，不溺于酒色财气，不恋功名富贵，那么即使我们生活在尘世，也如同身处蓬莱仙岛一般了。

第一五二则

原 典

梧桐为植物中清品，而形家①独忌之甚，且谓“梧桐大如斗，主人往外走”，若竟视为不祥之物也者。夫剪桐封弟②，其为宫中之桐可知；而卜世最久者莫过于周。俗言之不足据，类如此夫。

原 评

江含徵曰：爱碧梧者遂艰于白镪③，造物盖忌之，故靳④之也，有何吉凶休咎之可关？只是打秋风⑤时光棍样可厌耳。

尤悔庵曰：“梧桐生矣，于彼朝阳。”《诗》言之矣。

倪永清曰：心斋为梧桐雪千古之奇冤，百卉俱当九顿⑥。

注 释

① 形家：旧时指以相度地形吉凶，为人选择宅基、墓地为业的人，也称堪舆家。清代顾炎武《<十月二十日奉先妣葬诗>序》：“先考葬祖墓左四十年，其左有池，形家或言兆有水。”

② 剪桐封弟：《吕氏春秋·重言》：“成王与唐叔虞燕居，援梧叶以为珪，而授唐叔虞曰：‘余以此封汝。’叔虞喜以告周公。……于是遂封叔虞于晋。”后成为分封的典故。

③ 白镪：用作货币白银的别称。

④ 靳：吝惜，不肯给予。

⑤ 打秋风：指假借各种名义向人家索取财物，或依仗与权势有

某种关系，招摇撞骗，收受贿赂。

⑥ 九顿：即九叩首，以头叩地的礼节。

译文

梧桐树是植物中最清贵的品种，而看风水的人却非常忌讳它，甚至说如果梧桐叶像斗那么大，主人就要离家出走，如此这般竟然把它视为不祥之物。历史上周成王剪桐封弟的梧桐肯定是宫中种植的，而用卜卦预测传国最久的没有比得过周朝的。世俗的话不足以充当依据，大概就是这样的吧。

评析

传言和俗语是人们获知消息的一个重要途径，但是历史和生活的经验告诉我们，传言不可轻信，俗语不可不疑。事实上，这些传言和俗语是否真的符合客观实际，或是在传递的过程中是否加入了主观因素和揣测，都需要经过我们一番思量才行。否则，盲目相信就会把我们带入歧途，引向误区。

比如，作者在这里所说的关于梧桐的事情。原本，梧桐乃植物中的清贵，《诗经·大雅》中有言："凤凰鸣矣，于彼高岗。梧桐生矣，于彼朝阳。"梧桐还有很高的使用价值和药用价值。梧桐木可以用来造琴，梧桐的种子可以直接食用或榨油，梧桐的根、皮、叶、茎、花、果和种子均可入药，可治疗腹泻、疝气，有清热解毒的功效。

风水先生却十分忌讳梧桐在院落中，认为梧桐为不祥之物，会妨碍主人，甚至影响主人的性命。显然，这纯粹是无稽之谈。为了反击这一观点，作者特意举出历史上十分信占卜又享国最久的周朝加以反驳。由此，作者得出结论，风水师的这种忌讳是不合理的，这完全是他们的心理原因，毫无科学依据和历史凭证。

第一五三则

原 典

多情者不以生死易心，好饮者不以寒暑改量，喜读书者不以忙闲作辍。

原 评

朱其恭曰：此三言者皆是心斋自为写照。

王司直曰：我愿饮酒读《离骚》，至死方辍，何如？

译 文

多情的人不会因为生死而变心，喜好饮酒的人不会因为天气寒冷或炎热而改变酒量，喜欢读书的人不会因为忙碌或清闲而停止。

评 析

真正的喜好是不会轻易改变和消失的。相反，如果人对自己的喜好或是钟爱之物说丢弃便丢弃，那么只能说明这件东西并非他真正喜欢的。所谓“路遥知马力，日久见人心。”

而作者认为，这种坚守就像是人与人之间的感情，对于深情的人来说，无论时间如何变化，不管是生是死，这份感情都不会褪色。同时，对于真正喜欢饮酒的人来说，不管是什么节气，无论寒冷还是炎热，他都会一如既往地喜欢，不改其量。因为酒是他的至爱。对于真正喜欢读书的人来说也是如此。爱读书的人并不是把读书当作一种消遣，而是发自内心的需求和渴望，他渴望从阅读中得到慰藉，得到感悟和力量，以修身立德，增长才干。因此，对他们来说，读书是每天都必须要去做的事情，不会因为时间的紧张而中断或停止，而只有这样的人才能真正地从阅读中获得智慧。

第一五四则

原 典

蛛为蝶之敌国，驴为马之附庸。

原 评

周星远曰：妙论解颐，不数晋人危语隐语。

黄交三曰：自开辟以来，未闻有此奇论。

译 文

蜘蛛是蝴蝶的天敌；驴是马的附属。

评 析

“何处背繁红，迷芳到槛重。纷飞还独出，成对偶相逢。”在这两句诗中，我们不难想见，蝴蝶自由自在飞舞在花丛之中的闲适自然之态。然而，在花丛中，蜘蛛结成的网随处可见，蝴蝶一不小心就会落于蜘蛛的“陷阱”。所以作者才说，蜘蛛是蝴蝶的天敌。

与此不同的是，驴和马的关系则非常密切。虽然不是一种动物，但是作者认为两者相比较而言，马比驴更受人们欢迎，而马在生活中所起到的作用也要比驴大得多。所以，人们大都对马十分欣赏，对驴则习惯贬低。由此，作者认为驴是马的附属。可事实上，这只不过是人们对这两种动物的偏见，它们不存在谁是谁的附属的问题。

第一五五则

原 典

立品须发乎宋人之道学，涉世须参以晋代之风流。

原 评

方宝臣曰：真道学未有不风流者。

张竹坡曰：夫子自道也。

胡静夫曰：予赠金陵前辈赵容庵句云：“文章鼎立庄骚[1]外，杖履[2]风流晋宋间。”今当移赠山老。

倪永清曰：等闲[3]地位却是个双料圣人。

陆云士曰：有不风流之道学，有风流之道学，有不道学之风流，有道学之风流，毫厘[4]千里。

注释

① 庄骚：指战国庄周之《庄子》，与屈原之《离骚》。

② 杖履：老者所用的手杖和鞋子。唐代李商隐《为山南薛从事谢辟启》："方思捧持杖履，厕列生徒；岂望便上仙舟，遽尘莲府。"

③ 等闲：寻常，随便。

④ 毫厘：比喻细微的事物或微小的数量。

译文

树立品行应当发始于宋人理学，立身处世应当参照晋人的风流洒脱。

评析

生活中怀有什么样的态度，秉持着什么样的操守，直接关系着生活的质量。当然，如何生活以及如何安身立命，也是千百年来人们孜孜以求希望找到答案的问题。在这里，作者提出了自己的一点观念和想法。

作者认为，在树立品德操守方面，人们应该发扬宋人主张的理学，也就是"道学"。这是一种既贯通宇宙自然和人生命运，又继承了孔孟正宗的思想，并能够治理国家的新儒学。它主张人应当端庄、持重，对自己要有严格的要求和约束，不能无所顾忌地放纵自己，而要力求做一个正人君子。

但是，作者又认为在为人处事上不应该那么古板呆滞，而应该具有一个文雅之人应有的风流和洒脱，应该学会参照魏晋时期人们的风流雅致。魏晋风流实际上就是一种率真洒脱，一种具有魅力和影响力的人格美，讲究自然天成，潇洒倜傥。

作者主张做人既要严正又要洒脱，想要在这两者之间寻求到一种平衡，来作为立身处世的准则和参照。

第一五六则

原 典

古谓禽兽亦知人伦。予谓非独禽兽也，即草木亦复有之。牡丹为王，芍药为相，其君臣也[①]。南山之乔，北山之梓，其父子也[②]。荆之闻分而枯，闻不分而活，其兄弟也[③]。莲之并蒂，其夫妇也。兰之同心，其朋友也[④]。

原评

江含徵曰：纲常伦理，今日几于扫地，合向花木鸟兽中求之。又曰：心斋不喜迂腐，此却有腐气。

注释

① “牡丹为王”句：见明代李时珍《本草纲目·草部·牡丹》：“群花品中，逸牡丹第一，芍药第二，故世谓牡丹为花王，芍药为花相。”

② “南山之乔”句：据《尚书大传·周传·梓材》记载所示。

③ “荆之闻分而枯”句：据《续齐谐记》记载所示。

④ “兰之同心”句：见《易·系辞上》：“同心之言，其臭如兰。”

译文

古人说禽兽也知道人伦关系。我说不止禽兽，即使是花草树木也有这种关系。牡丹为花中之王，芍药为花中之相，它们是君臣关系。南山的乔木，北山的梓树，它们是父子关系。紫荆树知道要被分割就枯萎，知道不分就活了，它们是兄弟关系。莲花中有两朵长在一起的，它们是夫妻关系。兰花有同心的，它们是朋友关系。

评析

古代称人与人的关系有“五伦”，即君臣、父子、兄弟、夫妇和朋友。这种人伦关系是社会存在的基本组织形式，也是当时人们行为处事必须要遵守的道德准则。作者认为，不仅人与人之间存在着这样的人伦关系，动物和植物也是如此。

作者写道，牡丹花和芍药之间是君臣关系，南山乔木和北山的梓树是父子关系，紫荆树之间是兄弟关系，并蒂莲花是夫妻关系，兰花同心的是朋友关系。

实际上，作者所要彰显的还是人伦关系，意在说明人伦关系是自然界普遍存在的法则，正是有了这种复杂的人伦关系，才使得人类社会稳定有序地发展。

第一五七则

原 典

豪杰易于圣贤，文人多于才子。

原 评

张竹坡曰：豪杰不能为圣贤，圣贤未有不豪杰，文人才子亦然。

译 文

做豪杰要比做圣人和贤人容易，文人要多于才子。

评 析

伟大领袖毛泽东同志在长沙求学时期的笔记《讲堂录》中曾对“圣贤豪杰”做过这样的一番解释：“有豪杰而不圣贤者，未有圣贤而不豪杰者。圣贤，德业俱全者；豪杰，歉于品德，而有大功大名者。”

由此可见，做豪杰确实要比做圣贤容易得多。才智出众，为人称道，皆可为豪杰。但是要成为圣贤就不是那么容易的了，这需要德行和功业兼备。

文人与才子的关系与此相似。文人是一个比较笼统的概念，只要读过几卷书，写过几篇文章，文质彬彬的读书之人皆可称之。而所谓才子，是从文人中脱颖而出的，文思敏捷、才情超绝而又具有独特文风的人。他们并非一般文人可比，锦绣文章犹如神来之笔，虽令人称羡却无法模仿。所以，作者才说这世间的文人要多于才子，才子实乃凤毛麟角。

第一五八则

原 典

牛与马，一仕而一隐也；鹿与豕[①]，一仙而一凡也。

原 评

杜茶村曰：田单之火牛[②]，亦曾效力疆场；至马之隐者则绝无之矣。若武王归马于华山之阳[③]，所谓勒令致仕者也。

张竹坡曰：谚云：莫与儿孙作马牛，盖为后人审出处语也。

注释

① 豕：指猪

② 田单之火牛：齐燕交战时，齐国将领田单把蘸了油的苇系在牛的尾巴上，然后点燃，让牛群攻入敌军阵地，大获全胜，见《史记·田单列传》。

③ 武王归马于华山之阳：周武王灭商之后，建立周朝，并“纵马于华山之阳，放牛于桃林之虚”，见《史记·周本纪》。

译文

牛和马，一是官吏一是隐士；鹿和猪，一是仙品一是凡物。

评析

人是千差万别的，不管是性格、品性还是为人处事的方式，不同的人给我们的直观感受也会不一样。因此，有的人让我们喜欢，有的人让我们排斥，有的人甚至让我们厌恶。

在这里，作者把人的不同属性赋予在了这些动物的身上，作者认为，牛沉默寡言，任劳任怨，听凭主人的驱使，恰如那些登上仕途的为官之人，纵然是有满腹的委屈也敢怒不敢言。

马虽然也耕田、负重，但骨子里却豪放不羁，不甘于奴颜婢膝，就像隐士那样，不愿受牢笼束缚，故而把马比作了隐士。

同样，鹿和猪也是截然不同的。鹿饮山泉之水，以草为食，游迹

山林，颇有几分仙风道骨，故而作者视为仙品。而猪贪图享受、好吃懒做，尽显平庸之态，故而作者视其为凡物。

第一五九则

原 典

古今至文，皆血泪所成。

原 评

吴晴岩曰：山老《清泪痕》一书，细看皆是血泪。

江含徵曰：古今恶文亦纯是血。

译 文

从古至今的名篇佳作，都是用血和泪写成的。

评 析

清代著名文学家曹雪芹在评点自己的作品《红楼梦》时说道："字字看来都是血，十年辛苦不寻常。"曹雪芹先生在经历由繁华到落寞的巨大落差之后，历经磨难，对社会和人生有了自己深刻而独到的认识，以血泪写就了这部传世佳作。

当然，不只是曹雪芹先生在进行创作的时候经历了这样的一场灵与肉的锤炼，从古至今大凡是名篇佳作，都是如此。如著名史学家司马迁在《报任安书》所写：“盖文王拘而演《周易》；仲尼厄而作《春秋》；屈原放逐，乃赋《离骚》；左丘失明，厥有《国语》；孙子膑脚，《兵法》修列；不韦迁蜀，世传《吕览》；韩非囚秦，《说难》《孤愤》；《诗》三百篇大抵圣贤发愤之所为作也。”

因此，有思想、有深度，能够流传于世的名篇佳作皆是作者一番深刻体会之后的结果，这些文章是作者真情实感的流露，是血与泪糅合的产物。也正是因为这样，这些传世佳作才会有震撼人心的力量，让人爱不释手。

第一六〇则

原 典

情之一字，所以维持世界；才之一字，所以粉饰乾坤。

原 评

吴雨若曰：世界原从情字生出，有夫妇然后有父子，有父子然后有兄弟，有兄弟然后有朋友，有朋友然后有君臣。

释中洲曰：情与才缺一不可。

译 文

“情”这个字，是用来维持世界的；“才”这个字，是用来粉饰天地的。

评 析

情感是维系人与人之间关系的纽带，是人与人之间沟通交流的重要桥梁。正是因为有了情感，人与人之间才建立起了复杂多变的关系，才成就了多姿多彩的人生，从而维系并推动着世界向前发展。相反，如果人类缺乏情感，就会沦为行尸走肉，人与人之间就会变为纯粹的利益和需求的关系。

与此相应，才情和才智使得这个世界变得更加绚丽多姿，充满可能和变化，从而使整个世界充满生机和活力，也能够有力地推动历史的发展。但是，作者在这里也隐约表达着一种惋惜和忧愁，那就是“才”成为了粉饰太平的工具，而这里的“才”实际上指的是那些为统治者服务的御用文人。

第一六一则

原 典

孔子生于东鲁，东者生方[①]，故礼乐文章，其道皆自无而有；释迦[②]生于西方，西者死地，故受想行识[③]，其教皆自有而无。

原 评

吴街南曰：佛游东土，佛入生方，人望西天，岂知是寻死地。呜乎！西方之人兮，之死靡他。

殷日戒曰：孔子只勉人生时用功，佛氏只教人死时作主，各自一意。

倪永清曰：盘古生于天心，故其人在不有不无之间。

注 释

① 生方：赋予了生命的方位。

② 释迦：释迦牟尼，佛教创始人。

③ 受想行识：佛教中把色、受、想、行、识称为五蕴。在五蕴中，除了第一个色蕴是属物质性的事物现象之外，其余四蕴都属五蕴里的精神现象。这里提到四蕴。其中，“受”为情欲，“想”为意念，“行”为行为，“识”为心灵。

译 文

孔子出生于位于东方的鲁国，东方是赋予生命的方位，所以他提倡的礼仪、音乐、文章，其道理都是从无到有的；释迦牟尼出生于西方，西方是死亡之地，所以佛教的受、想、行、识，其教义都是从有到无的。

评 析

孔子是我国著名的思想家、教育家，出生地在鲁国，今属山东曲阜。对此，作者提出由于孔子出生在东方，故而其礼乐文章皆遵从由无到有的规律。显然，这样的说法是十分牵强而错误的，孔子的成就与出生地所在的方向毫无关系，孔子的作为和创举都是基于当时的社会环境的。

春秋末期，奴隶制社会土崩瓦解，礼崩乐坏，犯上作乱、违反《周礼》的事情频频发生，社会动荡不已。在这样的时代环境和背景下，孔子希望重新扶正礼乐制度以使整个社会重新回归和谐，故而十分重视礼乐，主张仁和礼。所以，孔子的主张及礼乐文章和出生地所在的方向并无关系。

而作者接下来所说的关于释迦牟尼的观点，也毫无根据。

第一六二则

原 典

有青山方有绿水，水惟借色于山；有美酒便有佳诗，诗亦乞灵于酒。

原 评

李圣许曰：有青山绿水，乃可酌美酒而咏佳诗，是诗酒又发端于山水也。

译 文

有青翠的山才会有绿色的水，水只是向山借取了颜色；有美味的酒便有好诗，好诗也向美酒乞求灵感。

评 析

“山水两相宜。”有山的地方有水，方显山的挺拔、高峻，而有水的地方有山，才能彰显水的灵动活泼、澄净之态。山依水势，水借山色，山水相依相存，互为补益，相互映衬。

而诗和酒自古便是一家，它们共同构成了中国的古典诗词文化。正因为如此，作者在这里说道，有美酒便会有好诗，在美酒的滋润下，创作的灵感便会犹如泉涌。

另外，诗酒又都源自山水，山水是孕育灵感、激发情思的重要媒介。如若有诗酒无山水，那么酒便无味，诗便无魂。所以，山、水、诗、酒要完美地融合在一起。

第一六三则

原 典

严君平，以卜讲学者也；孙思邈，以医讲学者也；诸葛武侯，以出师讲学者也。

原评

殷日戒曰：心斋殆又以《幽梦影》讲学者耶。

戴田友曰：如此讲学，才可称道学先生。

译文

严君平是以占卜作为讲学的人；孙思邈是以医学作为讲学的人；诸葛亮是以出师打仗作为讲学的人。

评析

讲学，是指当众讲解和阐述自己的学术理论、观念、看法。在古代，讲学一般是按照先生讲授、学生听课的形式进行的，类似于大课堂的教学模式。不过这种教授模式是比较呆板的。在这里，作者就提出了一种比较灵活且以实用为主的教授方式，归纳起来就是言传身教，以从实践中获得的知识和经验为基础进行讲述。

作者在这里写道，西汉晚期道家学者严君平以占卜的方式，将知识摆在了世人的面前，导人向善，宣扬老子道德经，惠及众人；唐代医药学家孙思邈把“济世活人”作为终生的事业，在行医治病的过程中传授医学知识；三国时期蜀汉丞相诸葛亮神机妙算，常常在带兵打仗的过程中展示他在指挥作战方面的智慧。

这几个人传授知识的方式和一般的讲学大不相同，他们以实践为基础，注重身教，并非泛泛而论或是空洞的侃侃而谈，而是言之有物，贴近实际。这种教授学问和知识的方式十分容易让人接受，当然，这也是思想进步的一种体现。

第一六四则

原典

人则女美于男，禽则雄华于雌，兽则牝牡[1]无分者也。

原评

杜于皇曰：人亦有男美于女者，此尚非确论。

徐松之曰：此是茶村兴到[2]之言，亦非定论。

注释

① 牝牡：牝是指雌性的兽，牡是指雄性的兽。

② 茶村兴到：饮茶后的兴致。

译文

人类是女人要比男人美丽，禽类是雄性要比雌性华丽，兽类是雌性和雄性美丑没有区别。

评析

如果我们细心观察，就会发现自然界中很多十分有趣的现象。就

像女人大都比男人漂亮，而对禽类来说，则是雄性比雌性的漂亮，对于兽类来说，雄性和雌性的美丑则没有区别。

事实上，这也是自然发展的需要。在动物界，雄性的漂亮是为了吸引雌性进化而来的，是出于繁衍生息的需要。当然，所谓美丑只是人们的主观感受，不同的人会有不同的观感体验。

第一六五则

原 典

镜不幸而遇嫫母[①]，砚不幸而遇俗子，剑不幸而遇庸将，皆无可奈何之事。

原 评

杨圣藻曰：凡不幸者皆可以此概之。

闵宾连曰：心斋案头无一佳砚，然诗文绝无一点尘俗气，此又砚之大幸也。

曹冲谷曰：最无可奈何者，佳人定随痴汉。

注 释

① 嫫母：古代传说中的丑妇。

译 文

镜子不幸遇到了丑陋的妇女，砚台不幸遇到了凡夫俗子，宝剑不幸遇到了平庸的将才，都是无可奈何的事情。

评 析

人生不如意事十之八九。在人生中，总是会有很多的无可奈何之事，它不受我们掌控，不随我们的意志改变而改变。比如，镜子遇上了面貌丑陋的妇女，砚台遇上了资质平庸的文人，宝剑遇上了无能的将领。如此种种，英雄无用武之地的尴尬处境、怀才不遇的纠结心态、“千里马常有而伯乐不常有”的悲哀，着实令人无能为力。

作者看似是在感慨镜子、砚台以及宝剑的明珠暗投，实际上则是在感叹人才被冷落和埋没。作者虽然聪颖绝伦，博通经史百家，可尽管如此，却屡试不第，学富五车却无用武之地。因此，作者的内心十分痛苦纠结，隐晦地表达了自己的无奈和苦闷。

第一六六则

原 典

天下无书则已，有则必当读；无酒则已，有则必当饮；无名山则已，有则必当游；无花月则已，有则必当赏玩；无才子佳人则已，有则必当爱慕怜惜。

原评

弟木山曰：谈何容易，即吾家黄山几能得一到耶？

译文

天下没有书就算了，有就一定要读；没有酒也就罢了，有就一定要品尝；没有名山大川就罢了，有就一定要游览观赏；没有鲜花和明月就算了，有就一定要欣赏品玩；没有才子佳人就罢了，有就一定要爱慕怜惜。

评析

人生百年，想要做的事情很多，我们并不能一一实现。而事实上我们只要在人生中能够尽情、尽心地做一些我们力所能及的事情，让我们的青春不虚度，就足够了。有了自己欣赏和喜欢的东西，就着手去追求，这样人生就可以不留遗憾。

第一六七则

原典

秋虫春鸟，尚能调声弄舌，时吐好音。我辈搦管[①]拈毫，岂可甘作鸦鸣牛喘[②]？

原评

吴园次曰：牛若不喘，宰相安肯问之？

张竹坡曰：宰相不问科律而问牛喘，真是文章司命[3]。

倪永清曰：世皆以鸦鸣牛喘为凤歌鸾唱，奈何？

注释

① 搦管：握笔，执笔为文。见南朝梁简文帝《玄圃园讲颂序》："搦管摛章，既娟锦縟；清谈论辩，方参差玉照。"

② 牛喘：意为牛因热而喘气，取自汉丞相丙吉关心农事的典故。后亦用以比喻庶民之疾苦，如唐代包佶《奉和柳相公中书言怀》："凤巢方得地，牛喘最关心。"此处与"鸦鸣"，同指不好听的声音，比喻文辞拙劣。

③ 司命：神名。《礼·祭法》中称宫中所祭祀的神为司命，《风俗通义·祀典》称民间所祭祀的神为司命。

译文

秋天的昆虫和春天的鸟儿，尚且能调整声音鼓弄口舌，不时吐出好听的声音。我们舞文弄墨的人，怎能甘心作像乌鸦叫、牛喘气一样的劣质文章呢？

评 析

“文章合为时而著，歌诗合为事而作”，这是唐朝著名诗人白居易提出的口号，既是古训，也是历代文人志士进行文学创作的一种社会责任感和历史使命感的体现。对于读书人来说，手中的笔不能随心所欲地进行书写，更不能胡言乱语地歪曲事实、制造谣言，而是要肩负起责任，担当起时代和社会的旗手，力争为社会和世人留下一笔丰富、有质感、有内容的文学财富。

唯有真正用心地去感悟时代、体验时代，为时代而秉笔直书的作品，才能够成为传世佳作，才能赢得人们的喜爱和推崇。所以，在这里，作者借秋虫、春鸟之美妙婉转的鸣叫声来向所有的读书人发出呼声，鼓励大家善用自己手中的笔，杜绝诬陷、诽谤、辱骂、恐吓等性质的字眼，不能粗制滥造，玩些无病呻吟的文字游戏，如此既浪费笔墨也有辱文人的身份。

第一六八则

原 典

媸颜[①]陋质，不与镜为仇者，亦以镜为无知之死物耳。使镜而有知，必遭扑破矣。

原 评

江含徵曰：镜而有知，遇若辈早已回避矣。

张竹坡曰：镜而有知，必当化媸为妍。

注 释

① 媸颜：面貌丑。

译 文

容貌丑陋、皮肤粗糙的人，不与镜子结仇，也是因为他们以为镜子是没有意识的死的东西。假使镜子有意识的话，一定会被打得粉碎。

评 析

镜子是客观的实体，在显现人或事物的镜像的时候，都是以本来面目反映的，它不会把一个漂亮的人丑化，也不会把一个面貌丑陋的人美化。所以，人们不管是美还是丑，对镜子都不会有什么厌恶的情绪或对它有什么意见，而只会从自己的身上找问题，完善自己。

但是，如果镜子有了自己的知觉和意识，能够对镜中的影像进行主观加工甚至丑化的话，那么人们对镜子的态度就完全不同了。人们会毫不犹豫地打碎它，因为镜子所呈现的是歪曲的、不真实的。对于诋毁和中伤，没有人能够忍受，毕竟爱美之心人皆有之。

当然，作者并非仅仅是在说镜子，作者要说的是人们被指出错误或不足后的反映。如果对方客观公正地指出错误，大部分人都能够坦然接受，可如果对方不怀好意，恶意中伤和丑化自己，那么很多人就很难再保持一颗坦然的心。所以，我们在指出别人的错误和不

足时，一定要保持客观公正，如此才能得到对方的理解和认同。

第一六九则

原 典

吾家公艺[①]，恃百忍以同居，千古传为美谈。殊不知，忍而至于百，则其家庭乖戾[②]睽隔[③]之处，正未易更仆数[④]也。

原 评

江含徵曰：然除了一忍，更无别法。

顾天石曰：心斋此论，先得我心。忍以治家可耳，奈何进之高宗，使忍以养成武氏之祸哉。

倪永清曰：若用忍字，则百犹嫌少，否则以剑字处之足矣。或曰“出家”二字，足以处之。

王安节曰：惟其乖戾睽隔，是以要忍。

注 释

① 公艺：指张公艺，我国历史上治家有方的典范，九世同居。据记载，唐高宗问他九世同居的缘由，张公艺遂请纸笔，书百“忍”字以进。高宗连连称善，并赠绢百端，以彰其事。

② 乖戾：抵触，不一致，现指急躁、易怒，性情乖戾。

③ 睽隔：指分离，分割。这里指隔膜。

④ 未易更仆数：形容事物繁多，数不胜数。《礼记·儒行》："孔子对曰：'遽数之不能终其物，悉数之乃留，更仆未可终也。'"

译 文

我家族的张公艺，依靠着百忍维持着九代同居，千百年来被传为美谈。只是人们不知道，忍耐到了一百的程度，他们家庭的抵触与隔阂，一定多得数不胜数了。

评 析

人们常说"忍字头上一把刀"，"忍"确实不是一件容易的事。"忍"是人生的大智慧，是一种大度、一种理性、一种谦和、一种保全，是一种大事化小、小事化了的为人处世之道。尤其是在人际交往中，正所谓"忍一时风平浪静，退一步海阔天空"。很多时候，只要我们能够忍耐一下、克制一下，对他人宽容大度一些，那么很多矛盾和摩擦也就不会发生了。

作者在这段文字中谈及的唐人张公艺就是一个十分能忍的人。其家族九辈同居，全家上下九百人，团聚一起，和睦相处，千百年来，被传为美谈。然而，作者在提倡忍耐的同时，也提出了一点不同的意见和看法，那就是忍耐也要有限度，不能无止境地忍耐下去，否则矛盾和摩擦产生的潜在危险就会越积越多，积累到一定程度就会爆发。

所以，在为人处世的过程中，忍耐是必要的，但这并不意味着要无理由、无限度地一直忍耐下去。

第一七〇则

原 典

九世同居，诚为盛事，然止当与割股、庐墓[①]者作一例看，可以为难矣，不可以为法也，以其非中庸[②]之道。

原 评

洪去芜曰：古人原有父子异宫之说。

沈契掌曰：必居天下之广居而后可。

注 释

① 割股、庐墓：割股，指割下自己的股肉来治疗父母的重病。庐墓是指父母或老师死后，服丧期间在墓旁搭盖小屋居住，守护坟墓。

② 中庸：主张待人、处事不偏不倚，无过无不及。儒家以中庸为最高的道德标准。

译 文

九代人居住在一起，诚然是一件了不起的大事，但只能把它当作像割股肉给父母治病，父母、老师死后在墓旁盖屋守丧这样一类的例子来看待，可以认为难得，但不可以作为法则，因为这些都不符合儒家的中庸之道。

评 析

历来，张公艺就因治家有方而为世人所传颂，作者张潮却对张公艺“九世同居”的事情提出了自己不同的看法。作者认为，张公艺的“九世同居”就如同是割股肉给父母治病，父母、老师死后在墓旁盖屋守丧一样，虽然十分难能可贵，但是不值得作为其他人效法的准则和榜样。因为，在作者看来，张公艺这样的做法并不符合儒家的中庸之道，即不偏不倚、折中调和的处世态度。

事实上，作者在这里提出的观点和看法是有一定的参考意义的。随着社会的发展，越来越多的人主张独立和自由，众多的亲族聚集在一个狭小的、集中的空间里，很容易发生矛盾和摩擦，而如果全靠忍耐来解决这些问题，势必会愈加严重。

从儒家的中庸理论来说，正确的做法是要保持一个恰当的度，选择一个折中调和的界限，并非要追求越多越好的“多代同居”的模式。

第一七一则

原 典

作文之法：意之曲折者，宜写之以显浅之词；理之显浅者，宜运之以曲折之笔；题之熟者，参之以新奇之想；题之庸者，深之以关系之论。至于窘①者舒之使长，缛②者删之使简，俚者文之使雅，闹者摄之使静，皆所谓裁制③也。

原评

陈康畴曰：深得作文三昧语。

张竹坡曰：所谓节制之师。

王丹麓曰：文家秘旨和盘托出，有功作者不浅。

注释

① 窘：困乏。

② 缛：繁多。

③ 裁制：规划，安排。

译文

写文章的方法：内容复杂的可以用浅显的词语来表达；道理浅显易懂的，应该用曲折的笔法写出来；大家所熟知的题目，就加上一些新鲜奇特的想象；题目平庸的，就加上一些有关的议论加以深化。至于贫乏的应加以扩展，繁多的则删除一些使其精简，热闹的使其达到平静，这都是写文章的规划安排。

评析

丰富的知识储备和敏捷的文思是写文章的重要基础。但其实写文章是有一定的技巧和章法可循的，尤其在最初写文章的时候，我们不妨按照一定的方法来写。虽然我们常说“文无定法”，但古人不但承认写文章必然有法，而且还分为“死法”和“活法”。所谓“死法”，就是写文章的基本规律；所谓“活法”，就是在不违背基本规律的前提下，讲究变化、注重创新。

作者在这里提出的其实就是所谓的“活法”，即在写文章时需要注意一些变化规律，这样就会得心应手，将文章写得引人入胜。

第一七二则

原典

笋为蔬中尤物[1]，荔枝为水果中尤物，蟹为水族中尤物，酒为饮食中尤物，月为天文中尤物，西湖为山水中尤物，词曲为文字中尤物。

原评

张南村曰：《幽梦影》可为书中尤物。

陈鹤山曰：此一则又为《幽梦影》中尤物。

注释

① 尤物：极品，珍贵的物品。

译文

竹笋是蔬菜之中的珍品，荔枝是水果中的珍品，螃蟹是水族类中的珍品，酒是饮食中的珍品，月亮是天文中的珍品，西湖是山水景物中的珍品，词和曲是文字中的珍品。

评 析

美的东西、珍奇的物件，总是让人心生向往。在这里，作者根据自己的理解列举了各种事物中的“尤物”，以供大家推敲。

其中，竹笋味香质脆、甘甜爽口，自古即被当作蔬菜中的珍品；荔枝色泽鲜艳，香甜可口，有补脑健身、开胃益脾之效，与香蕉、菠萝及龙眼并称为“南国四大果品”，更是以杨贵妃喜食而闻名，堪称水果中的尤物；螃蟹肉嫩鲜美，营养价值极高，对身体有很好的滋补作用，是水产中的佳品；酒乃粮食发酵而成，味道甘醇，能舒筋活血，为饮食中之佳品。

除此之外，月亮时而皎洁，时而朦胧，给人以无限遐想，寄托无限情思，实乃天上之尤物；西湖如诗如画的湖光山色，自然与人文的高度融合，称为山水中尤物恰如其分；词曲抒情写景，可吟可唱，被视为文字中的尤物，也属名副其实。

第一七三则

原 典

买得一本好花，犹且爱护而怜惜之，矧[①]其为解语花乎？

原 评

周星远曰：性至之语，自是君身有仙骨，世人那得知其故耶！

石天外曰：此一副心，令我念佛数声。

李若金曰：花能解语，而落于粗恶武夫，或遭狮吼戕贼[②]，虽欲爱护，何可得？

王司直曰：此言是恻隐[③]之心，即是是非之心。

注 释

① 矧：况且。

② 戕贼：伤害、损害。

③ 恻隐：指对遭难之人的同情怜悯。

译 文

买了一棵好花，尚且爱护和怜惜它，况且它是通解语言的花呢？

评 析

对于爱花人来说，花儿在他们的心中都是一个个鲜活的生命，且

每一种花都有一种属于它们自己的语言。其实，花语是人们赋予花的人性化的象征，这里的解语花即指美人，即所谓的如花美眷，而作者想要表达的正是要注重对身边人的怜惜和呵护。

第一七四则

原 典

观手中便面[1]，足以知其人之雅俗，足以识其人之交游。

原 评

李圣许曰：今人以笔资丐名人书画，名人何尝与之交游？吾知其手中便面虽雅，而其人则俗甚也。心斋此条，犹非定论。

毕嵎谷曰：人苟肯以笔资丐名人书画，则其人犹有雅道存焉，世固有并不爱此道者。

钱目天曰：二说皆然。

注 释

① 便面：古代用以遮面的扇状物，后称团扇、折扇为便面。

译 文

观察一个人手中的扇面，就足以知道这个人是雅还是俗，足以看出这个人交的是什么样的朋友。

评 析

从一个微不足道的细节里，就可以窥见一个人的修养、品格及性情爱好，即所谓的“见微知著”。

古时文人对自己手中的扇面都十分讲究和在意，因为那代表着他们的审美能力和品位的高低，他们必然会精挑细选，以符合自己的要求。所以，通过观察一个人手中的扇面，就能够知道这个人是高雅还是庸俗。另物以类聚、人以群分，由这个人的品性就可以推断出他与什么样的人交朋友。

第一七五则

原 典

水为至污之所会归，火为至污之所不到，若变不洁为至洁，则水火皆然。

原 评

江含徵曰：世间之物，宜投诸水火者不少，盖喜其变也。

译文

水是最污秽的东西汇集的地方，火是最污秽的东西到不了的场所，假如将不干净变成最干净，水和火都是可以的。

评析

水是世界上最干净的东西，也是世界上最污浊的东西，因为它能洗尽世间污浊之物，也能汇聚世间污浊之物。而水的天敌——火，虽然与水不能相容，却也有着统一的一面，那就是火能够到达最污浊的场所，并能使之烟消云散，重新成就一片净土。两者都能够使不干净变为干净，达到净化的目的。

所以，事物之间的对立和冲突不是绝对的。人与人之间也是如此，有对立、冲突和摩擦，但不是绝对不能共存。只要能够看到彼此统一的一面，发现对方身上的闪光点，就能求同存异，和平共处。相反，针锋相对、互不退让，很可能两败俱伤。

第一七六则

原典

貌有丑而可观者，有虽不丑而不足观者；文有不通而可爱者，有虽通而极可厌者。此未易与浅人道也。

原 评

陈康畴曰：相马于牝牡骊黄[1]之外者，得之矣。

李若金曰：究竟可观者必有奇怪处，可爱者必无大不通。

梅雪坪曰：虽通而可厌，便可谓之不通。

注 释

① 骊黄：纯黑马和赤黄色的马，也泛指马。

译 文

有些人相貌长得丑陋但还可以观看，有些人虽然长得不丑但不值得观看；有的文章虽然不通畅但让人喜爱，有的虽然通畅却让人极为讨厌。这些话不容易向浅薄的人说。

评 析

人的相貌是与生俱来的，但是有美丑之分的，尽管每个时期人们对美丑的界定标准有所不同。

一个人除了相貌美丑，还有一种内在的精神气质和韵味所散发出来的魅力。这种气质和魅力是无法模仿的，有些人或许并不漂亮，相貌也并不出众，但是却能给人一种很舒服的感觉。有些人虽然长得漂亮，但却毫无内涵和气韵，空有其表，也会给人平平淡淡的感觉，没有什么吸引力。

同理，有些文章虽然有些不通畅，但却是真情流露，不矫揉造作，这样的文章仍旧招人喜爱。而有些文章虽然文笔通畅，却只是无病呻吟，缺乏真情实感、内容空洞，不仅无法让人产生共鸣，还惹人讨厌。

当然，这需要观者有一定的审美能力和文学修养。

第一七七则

原典

游玩山水，亦复有缘。苟机缘未至，则虽近在数十里之内，亦无暇到也。

原评

张南村曰：予晤心斋时，询其曾游黄山否，心斋对以“未游”，当是机缘未至耳。

陆云士曰：余慕心斋者十年。今戊寅[1]之冬始得一面。身到黄山恨其晚，而正未晚也。

注释

① 戊寅：康熙三十七年（1698）。

译文

游山玩水，也是要有机缘的。假使机会缘分不到，虽然近在十里之内，也没有时间到达那里。

评 析

在佛教教义中，众生信受佛法的根机和因缘，称为机缘。因此，佛教认为，任何事情的成与不成，全看机缘是否成熟。机缘成熟了，即能够把事情办成，但若机缘不成熟，事情就无法成就。而且，佛教十分注重因缘，认为因缘生万法，且说由于因缘而得果报。其中“因”是事物的缘起，“缘”是一种助力，即一切事物之间生起的一种互相交涉的关系，“果报”也就是后来的结局。

在这里，作者以游历山水为例讲述了机缘对成就事情的内在作用。作者认为，如果机缘未到，即使是近在咫尺的风景，我们也无暇顾及，无心涉足。作者似乎对机缘十分笃信，当然，我们也并不否认机缘因果的存在，但若是过分沉溺于其中，不免陷入神秘主义的泥淖。所以，凡事还应懂得客观地看，而不可一味归咎于机缘未到。

第一七八则

原典

“贫而无谄，富而无骄”[①]，古人之所贤也；贫而无骄，富而无谄，今人之所少也。足以知世风之降矣。

原评

许筠庵曰：战国时已有贫贱骄人[②]之说矣。

张竹坡曰：有一人一时而对此谄对彼骄者，更难。

注释

① “贫而无谄，富而无骄”：见《论语·学而》：“子贡曰：‘贫而无谄，富而无骄，何如？’子曰：‘可也，未若贫而乐，富而好礼者也。’”

② 贫贱骄人：贫贱中的贤人以自己的贫贱为骄傲，表示对富贵贤达者的蔑视。

译文

“贫贱而不谄媚奉承，富贵却不骄傲”，这是古人所崇尚的贤人；贫贱却不骄傲，富贵却不谄媚奉承，是今人中少有的。由此足见世风的日益下降。

评 析

人生是一场艰难的旅程，每个阶段都有考验在等待着我们，而想顺利地战胜这些考验，就需要锤炼心志，提高自身的道德修养，由内而外地激发自己的勇气、毅力和决心。只有这样，我们才能在一次次考验和锤炼中始终保持自我，不至于迷失。否则，即使我们最终拥有了我们想拥有的，也会在不自不觉中丢掉最重要和最宝贵的东西。

因此，作者在这里说道，贫贱的时候不能巴结谄媚，富裕了之后也不要骄傲自大、目中无人，这是古时人们所推崇的贤人。而真正能够赢得人们尊敬和爱戴的，绝对不是财富的多少，而是品格的魅力。

第一七九则

原 典

昔人欲以十年读书、十年游山、十年检藏。予谓检藏尽可不必十年，只二三载足矣。若读书与游山，虽或相倍蓰[1]，恐亦不足以偿所愿也。必也，如黄九烟前辈之所云“人生必三百岁而后可”乎！

原 评

江含徵曰：昔贤原谓尽则安能，但身到处莫放过耳。

孙松坪曰：吾乡李长蘅先生爱湖上诸山，有“每个峰头住一年”之句。然则黄九烟先生所云，犹恨其少。

张竹坡曰：今日想来彭祖[②]反不如马迁。

注释

① 蓰：五倍。

② 彭祖：神话中的人物，为长寿的象征。据说此人生于夏代，到殷末时已经767岁，一说800岁。

译文

以前的人想要用十年的时间读书、十年的时间游览名山大川、十年的时间从事检点收藏。我认为检点收藏大可不必用上十年的时间，只要两三年的时间就足够了。像读书和游历山川，虽说比预想的时间多五倍，恐怕也不能够使自己的愿望得到满足。一定是的，如黄九烟先生所说的“人必须要活三四百年才可以”啊！

评析

人生苦短，在有限的生命里能够尽最大可能地做些有意义的事情，完成自己的理想和目标，是每个人的心愿。然而有意义的事情又岂止一两件，那么我们应该如何安排自己的生活，才能不虚度人生？

对此，古人有这样的论述，即用十年的时间读书、十年的时间游山，再用十年的时间检藏。作者对这样的观点并不认同，他认为检藏大可不必花费十年的时间，只需要两三年就足够了。而像读书和游历山川这样的事情，虽然打算用十年的时间，但再多五倍的时间恐怕也难以让自己得到满足。毕竟，天下的书籍数不胜数，名山大川也遍布各地。

所以，作者认为，如果要想把这些事情都做完的话，至少要三四百年的时间。所以，在有限的生命里，我们要想获得最大的满足，就要懂得取舍，懂得合理安排自己的人生。

第一八〇则

原 典

宁为小人之所骂，毋为君子之所鄙；宁为盲主司[1]之所摈弃，毋为诸名宿[2]之所不知。

原 评

陈康畴曰：世之人自今以后，慎毋骂心斋也。

江含徵曰：不独骂也，即打亦无妨，但恐鸡肋[3]不足以安尊拳耳。

张竹坡曰：后二句足少平吾恨。

李若金曰：不为小人所骂，便是乡愿[4]；若为君子所鄙，断非佳士。

注释

① 主司：科举考试的主试官。

② 名宿：有名望的学者。

③ 鸡肋：比喻瘦弱的身体。

④ 乡愿：指乡里言行不一、伪善欺世的人，后来引申为缺乏见识、胆小无能的人。

译文

宁可被小人辱骂，也不要被品格高尚的人鄙视；宁可被有眼无珠的主考官摒弃，也不能让当代有名望的学者名流不知道自己。

评析

生活中必定有这两种人：小人和君子。其中，君子品德高尚、洁身自好，有良好的行为规范和道德准则，深受人们的尊重。而小人表里不一、喜欢落井下石，为了一己之利不择手段。一般来说，被君子欣赏不容易，被小人陷害却很常见。

作者认为，在为人处世过程中宁愿被小人辱骂，也不要被那些品格高尚的君子鄙视。因为被小人辱骂于自己的名声并无影响，还恰恰说明自己没有和小人同流合污。但如果被君子鄙视，那么说明自己的行为品德出现了偏差。

另外，作者还提出，宁可在科举考试时被那些有眼无珠的主考官摒弃，也不能为那些有名望的学者所不知。因为纵然被修养低劣的主考官无视，也不能说明自身修养的低下，如果为有名望的学者所无视，就说明自己的修养水平有问题了。因此，当我们衡量自己在某方面的优劣时，就要以这方面的楷模的看法为评判标准。

第一八一则

原 典

傲骨不可无，傲心不可有。无傲骨则近于鄙夫，有傲心不得为君子。

原 评

吴街南曰：立君子之侧，骨亦不可傲；当鄙夫之前，心亦不可不傲。

石天外曰：道学之言，才人之笔。

庞笔奴曰：现身说法，真实妙谛。

译 文

骨子里的傲气不可以没有，骄傲自大、目空一切的心不可以有。没有傲骨的人是近乎自甘平庸的懦夫，有骄傲之心的人则不能够成为品格高尚的人。

评 析

“人不可有傲气，但不可无傲骨”，中国现代画家徐悲鸿的这句话道出了深刻的人生哲理。有傲骨的人不惧挫折和打击，能够在捶打中迎难而上，愈挫愈勇，不会轻易向生活及困难妥协和让步。但如果一个人没有傲骨，那么就会成为自甘平庸的人。有傲气的人妄自尊大、目空一切、自命不凡，缺乏良好的品德，一旦遇到挫折和考验，扛不住打击，就会一蹶不振。

傲骨是成就大事不可或缺的，傲气却是为人处世所忌讳的。只有存傲骨、去傲气，才能成就人生的顺达，否则，再绚丽的存在也只能是昙花一现。

第一八二则

原 典

蝉为虫中之夷齐，蜂为虫中之管晏。

原 评

崔青峙曰：心斋可谓虫之董狐[1]。

吴镜秋曰：蚊是虫中酷吏，蝇是虫中游客。

注 释

① 董狐：春秋时期晋国的史官。据说，他在史册上直书晋卿赵盾弑其君的事情，后世以董狐为直书不讳的良史的代称。

译 文

蝉是昆虫类中的伯夷和叔齐，蜜蜂是昆虫类中的管仲和晏婴。

评 析

伯夷和叔齐是商末孤竹君的两个儿子。据说，按照孤竹君的遗命，叔齐为其继承人。但孤竹君死后，叔齐并未继位而是要把王位让给伯夷，结果伯夷不接受，叔齐也不愿登位，他们先后逃到周国。后来，周武王伐纣，二人极力劝阻，但并没有取得什么成效。而武王灭商后，他们为表不侍周的心志，采薇而食，最终饿死在了首阳山。

作者认为蝉堪称昆虫中的伯夷和叔齐，因为在蝉的身上隐约能够窥见类似他二人的品质。蝉栖于树上，洁身自好，吸风饮露，且自始至终“不降其志，不辱其身”，是昆虫中的隐士，与伯夷、叔齐相契合。作者还把蜜蜂比作管仲和晏婴。众所周知，管仲和晏婴是春秋时期的良相，他们兢兢业业，奋发图治，力匡天下，而这点正与蜜蜂四处奔忙地采蜜、劳作，鞠躬尽瘁的付出相契合。当然，我们也可以看出作者对伯夷和叔齐、管仲和晏婴几位先贤的追慕和推崇。

第一八三则

原 典

曰痴、曰愚、曰拙、曰狂，皆非好字面，而人每乐居之；曰奸、曰黠、曰强、曰佞，反是，而人每不乐居之，何也？

原 评

江含徵曰：有其名者无其实，有其实者避其名。

译 文

被人说痴、愚、拙、狂，这些都不是好字眼，但人们往往很乐意接受；被人说奸、黠、强、佞，却与此相反，人们大都不高兴接受，这是为什么呢？

评 析

词义的演变是汉语言发展的必然趋势。随着语言的不断发展，词义有的会扩大、有的会缩小或是转移。有些词汇当时是贬义的，过了一段时期或许就成了褒义的，或是被赋予了其他的含义。这就是语言发展的奇妙之处，它并不是固定不变的。

不过，需要注意的是，在词义演变过程中，也并非所有具有同一色彩的词汇都会发生相同的变化。比如，奸、黠、强、佞，这些词本来就比痴、愚、拙、狂更加令人厌恶，而它们的词义依旧没有发生多大变化。所以，词义的变化是很复杂的，具体情况要具体分析。

第一八四则

原 典

唐虞[1]之际，音乐可感鸟兽。此盖唐虞之鸟兽，故可感耳。若后世之鸟兽，恐未必然。

原 评

洪去芜曰：然则鸟兽亦随世道为升降耶?

陈康畤曰：后世之鸟兽，应是后世之人所化身，即不无升降，正未可知。

石天外曰：鸟兽自是可感，但无唐虞音乐耳。

毕右万曰：后世之鸟兽，与唐虞无异，但后世之人迥不同耳。

注 释

① 唐虞：指尧和舜。其中，尧是传说中上古帝王陶唐氏之号，舜是上古帝王名虞舜。

译 文

尧舜的时候，音乐可以感动鸟兽。这大概因为是尧舜时代的鸟兽吧。如果是后世的鸟兽，恐怕就不是这样了。

评 析

人从自然界中来，与自然界的关系是十分密切的。而为了人类的长久发展，人也理应与自然和谐相处，注重对自然的保护，合理有节制地开发、利用自然，而非盲目地扩大对自然的开发力度。否则，自然与人类的关系就会越来越淡漠，而最终人类也会受到惩罚。

作者在这里反映的也是这个道理。在尧舜时代，民风淳朴，人与自然相处和谐，鸟兽还可以被人类的音乐感动，能够和人类进行一定的“交流”和互动。但是，随着社会的发展，人类对自然的破坏、对鸟兽的肆意捕杀日益加剧，使得这些本来可以被音乐感动的鸟兽不敢再接近人类，甚至避之唯恐不及。

从这段话中，我们不难发现作者对保护自然生态的重视，对人类不理性的、为满足私欲毫无节制的行为的强烈不满。

第一八五则

原 典

痛可忍而痒不可忍；苦可耐而酸不可耐。

原 评

陈康畴曰：余见酸子[1]偏不耐苦。

张竹坡曰：是痛痒关心语。

余香祖曰：痒不可忍，须倩麻姑搔背[2]。

释牧堂曰：若知痛痒，辨苦酸，便是居士悟处。

注 释

① 酸子：指穷酸的读书人。

② 麻姑搔背：麻姑是传说中的仙女，其典出东晋葛洪《神仙传》，谓仙人麻姑手纤长似鸟爪，可搔背痒。

译 文

疼痛可以忍受，痒却不可以忍受；苦味可以忍耐，酸味却不可以忍耐。

评 析

人对外界事物的反应是十分奇妙的。对于强烈的刺激，人们往往能够忍耐，而对于有些细微的、没有那么强烈的打击和考验，却往往没有什么抵抗力。正如作者在文中所说的，再强烈的疼痛都可以承受，可痒却难以忍耐；再苦涩的味道都可以下咽，强烈的酸味却让人畏惧。

作者所谓的“痒”和“酸”，我们不妨理解为他人在人生道路上投给我们的糖衣炮弹，它有可能很可口，却往往在不知不觉中把我们推向错误的深渊。所以，对一些阿谀奉承、溜须拍马，我们一定要保持警惕，不能忘形。

第一八六则

原 典

镜中之影，着色人物也；月下之影，写意人物也。镜中之影，钩边画也；月下之影，没骨画也。月中山河之影，天文中地理也；水中星月之象，地理中天文也。

原 评

恽叔子曰：绘空镂影之笔。

石天外曰：此种着色、写意，能令古今善画人一齐搁笔。

沈契掌曰：好影子俱被心斋先生画着。

译 文

镜子中的人影，是涂了色的人物画；月下的影子，是写意的人物画。镜子中的影子，是勾勒出的人物画；月下的影子，是没有骨架的人物画。月色中山河的影子，是宇宙中山川形态的写实；水中的星月，是地面上的宇宙。

评 析

“横看成岭侧成峰，远近高低各不同。”我们在观察事物的时候，虽然是同一个事物，但往往会因为角度和媒介的不同，让我们有不一样的感受和体验。

镜子中的人影，是由光线反射而成的，是对人客观存在的反映，它没有经过任何的加工。由此，镜子中的影子被作者认为是“涂了色的人物画”和“勾勒出的人物画”。而月亮下影子比镜中的人影多了几分朦胧美。故而，作者认为月下的影子是“写意的人物画”和“没有骨架的人物画”。另外，月亮中映出的山川河流，在人们看来犹如天体在月亮中的再现，而天上的日月星辰映在水中，又似乎是地理中包含着天文，不甚分明。

第一八七则

原 典

能读无字之书，方可得惊人妙句；能会难通之解，方可参最上

禅机。

原 评

黄交三曰：山老之学，从悟而入，故常有彻天彻地之言。

释牧堂曰：惊人之句，从外而得者；最上之禅，从内而悟者。山翁再来人，内外合一耳。

胡会来曰：从无字处著书，已得惊人，于难通处着解，既参最上，其《幽梦影》乎！

译 文

能够品读没有文字的书，才可以写出惊人的妙语佳句；能够领会难以解释的问题，才可以参悟最上乘的佛学的道理。

评 析

“尽信书不如无书。”读书重在悟和思，要摆脱书本的表面知识，在书本之外有所思、有所得。

另外，读书贵在用，也就是能够知行合一、触类旁通、学以致用，能够用学到的知识来解决一些问题。如此，才能对学到的知识有全新的领会，才能在解决问题的过程中看到别人无法领略到的风景。

第一八八则

原 典

若无诗酒，则山水为具文；若无佳丽，则花月皆虚设。

原 评

卓子任曰：诗人酒客，以及佳丽，乃山川灵秀之气孕毓而成者。[①]

袁翔甫补评曰：世间之辜负此山水花月者，正不知几多地方，几多时日也。恨之，恨之。[②]

注 释

① 此则评语据清刊本补。

② 此则评语据《啸园丛书》本补。

译 文

如果没有诗歌美酒，山水只是形式上的空文；如果没有美丽佳人，那么花及月色都是形同虚设。

评 析

王国维先生说过：“一切景语皆情语，一切情语皆景语。”山、水、花、月虽然是客观的外在景物，但是置身其中的人是感情丰富的，人往往会被景物触发感情和联想，而相应的人的情感和联想也常常赋予到身边的景物上，化景语为情语。

在这里，作者就给山水、花月赋予了一种内在的精神。在作者看来，山水需配诗酒，花月需配佳丽，否则山水、花月都成为了虚设。而事实上，山水、花月对于诗酒、佳人本无意义，但作者却用文人的情思把它们联系在了一起。作者认为，诗酒使人沉醉，如同山水能引人入胜，而诗酒需配山水才能使得山水更显韵味。同样，如果没有佳丽相伴，花月就会黯然失色。

第一八九则

原 典

才子而美姿容，佳人而工著作，断不能永年者，匪独为造物之所忌。盖此种原不独为一时之宝，乃古今万世之宝，故不欲久留人世以取亵耳。

原 评

郑破水曰：千古伤心，同声一哭。

王司直曰：千古伤心者，读此可以不哭矣。

译 文

才子姿态容貌俊美，美人擅长吟诗作赋，就一定不能永远长寿，这不仅仅是因为造物主忌妒。大概这种人原本就不是一时的宝物，是古往今来千秋万代的宝物，所以不想长久留在人间，以免招来亵渎。

评 析

人生道路多阻难，自古佳人多薄命。这是一个值得深刻思考的问题，也常常引发我们的无限惋惜和伤感。那么，为什么佳人多薄命呢？事实上，他们薄命的原因惊人的相似。在当时的封建社会，才子佳人屈指可数，属于稀缺资源，而越是稀缺资源，争夺和竞争也就越发的激烈，而这些社会的佼佼者也就成为了大家嫉妒、羡慕的对象。他们越可望不可即，有些人就越心生不满，对他们多有阻滞，故而才子佳人大多命运坎坷，甚至是英年早逝。

在作者看来，当时的社会污浊不堪、人心叵测、世风日下，在这样的环境下，即使有才子佳人，置身这泥淖之中也终究只是遭到亵渎和玷污罢了。

第一九〇则

原 典

陈平封曲逆①侯，史、汉②注皆云：“音去遇”。予谓此是北人土音耳。若南人四音俱全，似仍当读作本音为是。（北人于唱曲之

曲，亦读如去字。）

原评

孙松坪曰：曲逆，今完县也，众水潆洄，势曲而流逆。予尝为土人订之，心斋重发吾覆矣。

注释

① 曲逆：古县名，以曲逆水得名。治所在今河北完县。

② 史、汉：指《史记》《汉书》。

译文

陈平被封为曲逆侯，《史记》《汉书》注释都说音是“去遇”。我认为这是北方的口音。如果像南方人四音俱全，似乎应当仍读作本音才对。（北方人把“唱曲”的“曲”字也读作“去”字。）

评析

语言是一个很神奇而玄妙的东西，不同的地域、气候、人种，语言都会多多少少有区别。在这里，作者就对南北两地的口音问题进行了探讨。在作者看来，在《史记》《汉书》中的“曲逆”是北方口音，因为北方口音中没有入声，因而注释的音都是“去遇”，“唱曲”的“曲”也被读作“去”。由此，作者说道，如果是南方人，四音俱全，应当读本音才对。

第一九一则

原 典

古人四声俱备，如“六”“国”二字皆入声也。今梨园演苏秦剧，必读六为溜，读国为鬼，从无读入声者。然考之《诗经》，如“良马六之”“无衣六兮”之类，皆不与去声叶[1]，而叶、祝、告、燠、国字，皆不与上声叶，而叶入陌、质韵。则是古人似亦有入声，未必尽读六为溜，读国为鬼也。

原 评

弟木山曰：梨园演苏秦，原不尽读六国为溜鬼，大抵以曲调为别，若曲是南调，则仍读入声也。

注 释

① 叶：叶韵，指作韵文时于句末或联末用韵之称。

译 文

古代人四声完备，如“六”“国”二字都是入声。现在戏班弟子演苏秦剧的时候，一定把“六”读作“溜”，把“国”读为“鬼”，从来没有读入声的。但是据考证《诗经》来说，像“良马六之”“无衣六兮”这一类的，都是不入叶韵的去声，叶、祝、告、燠、国几个字，都是不入叶韵的上声，而叶入陌、质韵。由此可见，古人似乎也有入声，不一定都读“六”为“溜”，读“国”

为“鬼”。

评 析

这是作者论述入声的一段文字。在这里，作者认为古代的平、上、去、入四声已经十分完备了，为此作者还列出了相应的字，即“六”和“国”。而且，作者还特意选取了《诗经》中的字句进行论述，可是，作者听到梨园弟子在演奏的时候却把“六”读成“溜”，把“国”读成“鬼”。所以，作者随即感慨：为什么已经有了入声却不读呢?

第一九二则

原 典

闲人之砚，固欲其佳，而忙人之砚，尤不可不佳；娱情之妾，固欲其美，而广嗣[1]之妾，亦不可不美。

原 评

江含徵曰：砚美下墨，可也；妾美招妒，奈何?

张竹坡曰：妒在妾，不在美。

注 释

① 广嗣：多生子嗣。

译 文

清闲人的砚台，固然想要好的，而忙碌的人的砚台更是不可以不精良；使感情愉悦的妾，固然需要漂亮的，而为了多生子嗣、传宗接代的妾，也不可以不美丽。

评 析

笔、墨、纸、砚，被读书人称为文房四宝，也是中国独有的文书工具。其中，砚台还有极大的观赏性，可供文人闲暇时把玩。

也正是因为这样，作者才说清闲的人需要有精美上好的砚台，而忙碌的人所需的砚台更不能不精妙上乘。因为，忙碌的人时间宝贵，没有多余的时间进行其他的娱乐消遣，因而如若桌上的砚台精美上乘，忙碌间歇可略作把玩，不失为一种怡然自得的精神享受。故而，砚台更需上乘。

与此相应，作者认为，男人为愉悦自己而娶妾，需要漂亮怡人的，而为了多生子嗣而娶的妾更是得漂亮的。由此，封建社会女人地位之卑微可见一斑。

第一九三则

原 典

如何是独乐乐[①]？曰：鼓琴。如何是与人乐乐？曰：弈棋。如何是与众乐乐？曰：马吊[②]。

原 评

蔡铉升曰：独乐乐、与人乐乐，孰乐？曰：不若与人。与少乐乐、与众乐乐，孰乐？曰：不若与少。

王丹麓曰：我与蔡君异，独畏人为鬼阵，见则必乱其局而后已。

注 释

① 独乐乐：前一个“乐”指玩乐，后一个“乐”指快乐。

② 马吊：古代纸牌游戏。

译 文

什么是独自一人玩乐的快乐呢？回答说：弹琴。什么是两个人玩乐的快乐呢？回答说：下棋。什么是同众人玩乐的快乐呢？回答说：玩纸牌。

评 析

快乐首先应该是自己的，这时就要求我们独处的时候能够自得其乐，而快乐也应该分享，在与人分享快乐的同时，快乐就会加倍，与越多的人分享，快乐的感觉就越强烈。

在这里，作者认为，一个人娱乐的方式是鼓琴，两个人娱乐的方式是下棋，多个人娱乐的方式是玩纸牌。当然，这只是作者自己的一种生活消遣、娱乐方式。

第一九四则

原 典

不待教而为善为恶者，胎生[1]也。必待教而后为善为恶者，卵生[2]也。偶因一事之感触，而突然为善为恶者，湿生[3]也（如周处、戴渊之改过，李怀光反叛之类）。前后判若两截，究非一日之故者，化生[4]也（如唐元宗、卫武公之类）。

原 评

王宓草曰：有教亦不善者，又在胎卵湿化之外。

庞天池曰：不教而为恶，教之而不为善者，畜生也。

王勿斋曰：一教即善者，顺生也，所谓人之生也直是也。若横生逆产，徒费稳婆气力耳。

袁翔甫补评曰：不能为善，不能为恶者，枉生也。

注释

① 胎生：由母体怀孕而生，比如人和哺乳动物。

② 卵生：产卵后经孵化而出生，比如鸟、蛇、蚁。

③ 湿生：依湿气受形而生，比如蝎、蛾、蛇等。

④ 化生：无所依托，忽然而生，比如天神、饿鬼、地狱中的受苦者。

译文

不需要教育就能知道善还是恶的，是胎生的。必须要等到教育之后才知道善恶的，是卵生。偶然间因为一件事情的感触而能感觉到善恶的，是湿生（像周处、戴渊的改过从善，李怀光的反叛之类的）。前后判若两人，终究不是一日变化的原因，是化生（如唐玄宗、卫武公之类的）。

评析

善恶是人性的体现，而对于善恶的界定和分析也是众说纷纭、不一而足。在这里，作者对善恶进行了一番分析。他借用佛教的说法，认为凡有情而生者可分为四种——胎生、卵生、湿生、化生，并结合与之相对应的人物进行了阐述。

第一九五则

原典

凡物皆以形用，其以神用者，则镜也、符印[①]也、日晷[②]也、指南针也。

原评

袁中江曰：凡人皆以形用，其以神用者，圣贤也、仙也、佛也。

黄虞外士曰：凡物之用皆形，而其所以然者，神也。镜凸凹而易其肥瘦，符印以专一而主其神机，日晷以恰当而定其准则，指南以灵动而活其针缝，是皆神而明之，存乎人矣。

注释

① 符印：朝廷传达命令或征调兵将用的凭证，用金玉铜竹木制成，刻上文字，分成两半，一半存朝廷，一半给外任官员或出征的将军。

② 日晷：按照日影测定时刻的仪器。

译文

大凡物品都是以它的外形发挥作用的。靠奇妙的神理来发挥作用的则是镜子、符印、日晷和指南针。

评 析

自然界是十分奇妙的，只要我们细细留心就能够发现自然的奇妙和人类的伟大创造力。最初，受制于生产力的发展水平和人们的认识能力，人们在制作器物的时候大都是按照形状来使用，比如，在石器时代，人们盛东西的器具、衣帽鞋袜以及床具坐具。

但是，随着社会的发展，人类认识能力和创造能力的提升，人们逐渐创造出了作者在文中提及的镜子、符印、日晷和指南针这些更高一级的事物。其中，镜子能根据凸凹的不同改变人的胖瘦，符印可以主宰他人的神妙计谋，日晷作为时间的准则，指南针能敏锐地感受到方向的变化。古人认为这些都是以神用的事物，也就是在神灵的指示下才存在于人间的。

第一九六则

原 典

才子遇才子，每有怜才之心；美人遇美人，必无惜美之意。我愿来世托生为绝代佳人，一反其局而后快。

原 评

陈鹤山曰：谚云：“鲍老①当筵笑郭郎②，笑他舞袖太郎当。若教鲍老当筵舞，转更郎当舞袖长。”则为之奈何？

郑蕃修曰：俟心斋来世为佳人时再议。

余湘客曰：古亦有我见犹怜者。

倪永清曰：再来时不可忘却。

注 释

① 鲍老：古代戏剧角色。见宋代无名氏《张协状元》戏文：“好似傀儡棚前，一个鲍老。”

② 郭郎：指戏剧行当中的丑角。

译 文

才子见到才子，常常会有爱才之心；美人遇到美人，一定没有怜惜美好之意。我愿意来生转世为绝代佳人，一反这种不相互怜惜的常态，这样才感到快乐。

评 析

人与人之间的情感是十分复杂的，甚至是难以捉摸的。在作者看来，才子遇到才子会有一种惺惺相惜之感，萌生爱才之心，所谓英雄惜英雄。但是，美人遇见美人则与此不同，她们往往会心生妒忌，没有惜美爱怜之心。

事实上，除了才子与女子性情上的差别之外，更深层次的原因在于当时的社会环境。封建社会男尊女卑，女性是依附于男性而存在的，她们常常会为争得男子的宠爱而勾心斗角、相互攻击，以保住自己的地位。也正是因为这样，美人遇到美人，就会在不知不觉中心生嫉妒和猜疑，害怕自己的位置被取代，因此常常针锋相对。

作者为了扭转这一局面，竟然想要来世投生为女人。可是，他没有意识到的是，这种状况并非全然由女性的心理决定，这是整个社会的悲剧，不是哪个人就能够改变的。

第一九七则

原 典

予尝欲建一无遮大会[①]，一祭历代才子，一祭历代佳人。俟遇有真正高僧，即当为之。

原 评

顾天石曰：君若果有此盛举，请迟至二三十年之后，则我亦可以拜领盛情也。

释中洲曰：我是真正高僧，请即为之，何如？不然，则此二种沉魂滞魄，何日而得解脱耶？

江含徵曰：折柬[②]虽具，而未有定期，则才子佳人亦复怨声载道。又曰：我恐非才子而冒为才子，非佳人而冒为佳人。虽有十万八千母陀罗[③]臂，亦不能具香厨法膳也，心斋以为然否？

释远峰曰：中洲和尚，不得夺我施主。

注 释

① 无遮大会：佛教举行的一种以布施为中心的法会。无遮，意为无所遮拦，即不分贵贱、僧俗、善恶、智愚，一律平等看待。

② 折柬：又称为折简，意为书信。

③ 母陀罗：指佛的心印或是佛法，亦可省作“母陀”，意即佛法无边。

译 文

我曾经想举办一场以布施为中心的法会，一来祭奠历代的才子，一来祭奠历代的佳人。等遇到真正的高僧，就可以举行了。

评 析

对于在现实世界无法达成的目标或是心愿，人们往往会诉诸虚妄的神灵或是来世，而古人更是如此。在封建社会，人们受现实的局限很多，加上对神鬼之事本就有着模糊不清的认识，因此常常会借此来寄予理想，表达观念和心愿。

作者在这里通过这种方式表达了对历代才子佳人的追慕和惋惜之情。历史上出现了众多才子佳人，但并不是所有的才子佳人都能有一个很好的结局，甚至大多由于各种各样的原因最后凄凉收

场，一生惨淡。作者有感于此，想通过无遮大会的形式，超度他们的亡魂，希望他们能够进入极乐世界，一展抱负和理想。

但他并没有认识到造成这些才子佳人不幸命运的并非个别人的际遇，而是社会制度的缺陷。

第一九八则

原 典

圣贤者，天地之替身。

原 评

石天外曰：此语大有功名教，敢不伏地拜倒。

张竹坡曰：圣贤者，乾坤之帮手。

译 文

圣人和贤人，是天和地的替身。

评 析

圣贤是圣人和贤人的合称，指那些品德高尚、有操守、有作为、才智超凡的人，他们集众多的优点于一身，且恪守道德，制定各种典章制度、道德规范，传授至真之理。当然，除此之外，他们还会著书立说，演绎真理，宣扬天地之间的道义。

因此，在他们的身上，我们能够明显地感受到古人所提倡的“天人合一”的理念。也正是因为这样，作者在这里说道，圣贤是天地的化身，得天地之灵气，他们的言行举止也都顺应并彰显天地之间的真理。由此，我们可以感受到作者对圣贤的仰慕和推崇，对天地之理的尊重和敬仰。

第一九九则

原 典

天极不难做，只须生仁人君子有才德者二三十人足矣。君一、相一、冢宰[1]一，及诸路总制、抚军是也。

原 评

黄九烟曰：吴歌有云：“做天切莫做四月天。”可见天亦有难做之时。

江含徵曰：天若好做，又不须女娲氏补之。

尤谨庸曰：天不做天，只是做梦，奈何？奈何？

倪永清曰：天若都生善人，君、相皆当袖手，便可无为而治。

陆云士曰：极诞极奇之话，极真极确之话。

注 释

① 冢宰：周代的官名，为六卿之首，后来指吏部尚书。

译 文

天并不难做，只需要生下二三十个心地仁厚、才德兼备的君子就足够了。一个为君王，一个为宰相，一个为吏部尚书，其他人分别做各路的总制、抚军。

评 析

在封建社会，人治是儒家学说倡导的一种治国理论，也是封建统治者长期推崇的正统思想。具体来说，就是依靠个人权威和个人崇拜的作用来管理政权，实现政权的稳固。当然，所谓的个人是指那些德才兼备的优秀人物、杰出干才。

在作者看来，上天并不难做，治理天下也并非难事，只需要有二三十个德才兼备的人，合理分工，然后各司其职就可以了。显然，作者的观点体现出了他对才德之士的追求和推崇。但需要注意的是，作者的这种观点有着极大的局限性和缺漏。

要知道，想天下太平、社会大治，并不是仅仅依靠身居高位的几个才德之士就可以的，它还涉及深层次的社会制度问题，甚至可以说，社会制度是治理天下的前提和重要保障。在封建社会，由于制度本身的缺陷，使得社会没有公平、公正的法律约束，在这样的环境下吏治是很难清明的。在历史的局限下，作者无法透过这些表面现象窥视出当时社会的根源问题。

第二〇〇则

原 典

掷升官图[①]，所重在德，所忌在赃。何一登仕版[②]，辄与之相反耶？

原 评

江含徵曰：所重在德，不过是要赢几文钱耳。

沈契掌曰：仕版原与纸版不同。

注 释

① 升官图：又名彩选格、选官图，古代图板游戏，列大小官位在纸上，另掷骰子，计点数、彩色以定升降。

② 仕版：官吏的名册。

译 文

投掷升官图时，所注重的在于品德，所忌讳的在于贪赃枉法。为何一登上官吏的名册，就与这种情况相反呢？

评 析

掷升官图又名“升官图戏”，是古代一种掷骰子的民间传统游戏。据说，这种游戏以公平、公正为前提，玩家会根据掷出骰子的颜色和点数来决定德、才、功、赃，并以此来决定职位的升降和奖罚。

玩家须谨守游戏规则，否则，就会被淘汰出局。

然而，真正的官职升降奖罚的标准却与之大相径庭。旧时的科举制度讲究的是“学而优则仕”，于是读书人寒窗苦读，希望能够一朝考取功名，从此升官发财指日可待。然而，真正进入仕途后，官场之上尽是阿谀奉承、贪赃枉法、尔虞我诈、结党营私、欺上瞒下，种种恶行，数不胜数。而且，谁更不择手段，谁就更能得权得势，这与掷“升官图”游戏的规则完全相反。

因此，有人则借掷“升官图”的游戏来嬉笑官场沉浮，也有些人通过对掷“升官图”游戏的推崇表达对美好愿景的憧憬和追求。

第二〇一则

原 典

动物中有三教焉：蛟龙麟凤之属，近于儒者也；猿狐鹤鹿之属，近乎仙者也；狮子牯牛之属，近于释者也。植物中有三教焉：竹梧兰惠之属，近于儒者也；蟠桃老桂之属，近于仙者也；莲花薝蔔[1]之属，近于释者也。

原 评

顾天石曰：请高唱《西厢》一句，一个通彻三教九流。

石天外曰：众人碌碌，动物中蜉蝣而已；世人峥嵘，植物中荆棘而已。

注 释

① 薝蔔：梵语，译为郁金花。

译 文

动物中有三教：蛟、龙、麒麟、凤凰之类，近似于儒教；猿、狐、鹤、鹿之类，近似于道教；狮子、牯牛之类，近似于佛教。植物中有三教：竹子、梧桐、兰花、蕙草之类，近似于儒教；蟠桃、老桂之类，近似于道教；莲花、薝蔔之类，近似于佛教。

评 析

儒、释、道三教集中体现了中国文化的精髓，彰显了中华文化的核心价值，是先贤思考社会人生、寻求精神归宿的产物，也给中国人的思想文化烙下了深深的印记。

在这里，作者认为不仅仅是人，动物和植物也有三教。其实，在人们认识世界的过程中，往往会不自觉地赋予动物和植物一些象征意义和属性。

就动物而言，蛟、龙、麟、凤向来被人们视为祥瑞，这正与儒教所提倡的贤德才干、人中龙凤相契合；猿、狐、鹤、鹿充满神秘且怪异的气息，颇有几分道教的仙风道骨；狮子、牯牛，一者为兽中王，一者为被阉割后的公牛，它们两者都契合了佛教“断欲去爱”的主张。

再来说植物，竹、梧、兰、蕙，清高素雅，超然脱俗，与儒家温文尔雅的气质相契合；蟠桃、老桂，年长寿高，奇形怪状，与道教里仙家的形象颇为形似；莲花、薝蔔（郁金花），色泽鲜亮洁净，有种照耀人心的力量，故而常被视为佛教的象征。

作者这些比喻可谓是奇思妙想。我们从中细细品味，又发现世上有很多人庸庸碌碌，实如动物中之蜉蝣、植物中之荆棘，忽然而逝，蹉跎一生。

第二〇二则

原典

佛氏云："日月在须弥山[①]腰。"果尔，则日月必是绕山横行而后可。苟有升有降，必为山巅所碍矣。又云："地上有阿耨达池[②]，其水四出，流入诸印度。"又云："地轮之下为水轮，水轮之下为风轮，风轮之下为空轮。"余谓此皆喻言人身也。须弥山喻人首，日月喻两目，池水四出喻血脉流通，地轮喻此身，水为便溺，风为泄气[③]，此下则无物矣。

原评

释远峰曰：却被此公道破。

毕右万曰：乾坤交后，有三股大气：一呼吸；二盘旋；三升降。呼吸之气，在八卦为震巽，在天地为风雷、为海潮，在人身为鼻息。盘旋之气在八卦为坎离，在天地为日月，在人身为两目，为指尖、发顶、罗纹，在草木为树节、蕉心。升降之气，在八卦为艮兑，在天地为山泽，在人身为髓液、便溺，为头颅、肚腹。在草木为花叶之萌雕，为树梢之向天，树根之入地。知此而寓言之出于二氏者，皆可类推而悟。

注释

① 须弥山：梵语，原为古印度神话中的山名，后为佛教所采用，指一个小世界的中心。

② 阿耨达池：湖名，梵语的译音，为清凉无烦恼之意。

③ 泄气：犹放屁。见宋·王君玉《杂纂续·好笑》："对客泄气。"

译文

佛教经典讲：太阳和月亮在须弥山的山腰上。果真是这样的话，那么太阳和月亮必定是绕着山横向运行才可以。如果有升降一定会被山巅挡住。又说：地上有阿耨达池，它们的水流向四面八方，流进了印度各地。又说：地轮的下面是水轮，水轮的下面是风轮，风轮的下面是空轮。我认为这些都是用来比喻人的身体构造的。须弥山比喻人的头，日月比喻人的两只眼睛，池水向四面八方流通是比喻人的血脉流通，地轮比喻人的身体，水是代谢的小便，风是放屁，再向下就没有什么了。

评析

在佛教的认识里，须弥山是这个世界的中心，他们认为整个世界

就是以须弥山为中心建立起来的，并且太阳和月亮都围绕着它回旋出没，由此产生了白天和黑夜。

但是，作者在这里提出了质疑。他认为若果真如此，那么日月必然绕着山横行才行，可若有升降，必然会被山巅阻碍。看来，佛教中的这种说法和认识确实有待商榷。

佛教认为，大地（即地轮）浮在水体（即水轮）之上，水轮依托于风轮之上，而风轮则有广漠的虚空承托，于是各自得以不坠落，从而使天体结构趋于稳定。

对此，作者根据佛教“人体小宇宙”的说法，对这些理论做出了新的注解。他把所谓的世界中心须弥山比作人头，日月比作人的两只眼睛，将阿耨达池流向四面八方比作人体血液向四肢的流通；将地轮比作人的身体，水比作人体新陈代谢的废物，风比作人体排泄的气体。这样的比喻诙谐有趣，又十分形象贴切。

第二〇三则

原 典

苏东坡和陶诗尚遗数十首，予尝欲集坡句[1]以补之，苦于韵之弗备而止。如《责子》诗中“不识六与七”，“但觅梨与栗”，七字、栗字，皆无其韵也。

原 评

王司直曰：余亦常有此想，每以为平生憾事，不谓竟有同心。今彼可以无憾，但憾苏老耳。

庞天池曰：心斋有炼石补天手段，乃以七、栗无韵缺陶诗，甚矣，文法之困人也。

注 释

① 集坡句：指用苏东坡诗句拼集成和陶诗。

译 文

苏东坡的和陶诗还剩数十首未作，我曾经想集苏东坡诗中的句子补上它，但苦于诗韵不全而停止。像《责子》诗中“不认识六与七”“但觅梨与栗”，两句中的“七”“栗”都没有这种韵。

评 析

厚积才能薄发，只有具备丰厚广博的知识底蕴，才能在灵感来

到的时候创作出优秀的作品。相反，“年少不知愁滋味，为赋新词强说愁”的无病呻吟是很难令人有所触动，并流传于世的。陶渊明和苏东坡的诗作皆是经过长期的积淀、有感而发的作品，而不是信手拈来的。

其中，陶渊明作为中国文学史上一位影响深远的诗人，他的田园诗风格清新自然、描写细腻，巧妙地把情、景、理融合在了一起，具有强烈的艺术魅力，而这与当时的社会文化背景、他独特的个人生活经历和思想基础是密切相关的。

苏东坡一生仕途坎坷，颠沛流离，因此到了晚年的时候有着浓厚的“陶渊明情结”，对回归自然很是神往，于是常引陶渊明为知己。

第二〇四则

原 典

予尝偶得句，亦殊可喜。惜无佳对，遂未成诗。其一为“枯叶带虫飞”，其一为“乡月大于城”。姑存之，以俟[①]异日。

原 评

王司直曰：古人全诗每因一句两句而传者，后人诵之不已。既有此一句两句，何必复增。

袁翔甫补评曰：单词只句，亦足以传，何必足成耶。如“满城风雨近重阳”之类是也。

注释

① 俟：等待。

译文

我曾经偶然想到一些佳句，感到特别高兴。只可惜没有好的句子来对，终究没有成诗。其中一句是“枯叶带虫飞”，另一句是“乡月大于城”。暂且留在这儿，等到以后再来对吧。

评析

“灵感”其实原本是一个宗教用语，后来被引入到文学创作中。

它往往披着神秘的外衣，来无影去无踪。某些事物、现象抑或是语言信息一旦出现，就会灵光闪现。当它消失的时候，任我们费尽心机也无法寻得。灵感是可遇不可求的，正如著名诗人贾岛在诗中所言：“两年三句得，一吟双泪流。”

作者在文中所说的“偶得佳句”便是在灵感的激发下催生的，而“惜无佳对”则是因为灵感突然消失，使得诗作最终无法完成。不过，诗文的创作看似依靠灵感，实际上灵感是“顺势”而来的，是个体努力后的结果。对此，中国现代美学大师宗白华曾说：“诗人之所以努力，不在灵感，而在准备灵感来临的条件，把握灵感的敏捷手腕，表现灵感于一首艺术品——诗中的技巧。”

看来，诗文的创作离不开灵感，但又不能全然依赖灵感。

第二〇五则

原 典

“空山无人，水流花开”二句，极琴心之妙境；“胜固欣然，败亦可喜”二句，极手谈[①]之妙境；“帆随湘转，望衡九面”二句，极泛舟之妙境；“胡然而天，胡然而帝”二句，极美人之妙境。

原 评

曹冲谷曰：一味妙悟。

王司直曰：登山泛舟望美，此语妙境之妙。

袁翔甫补评曰：此等妙境，岂钝根[②]人领略得来？

注 释

① 手谈：下围棋。

② 钝根：佛教语，指根机愚钝，不能领悟佛法。

译 文

“空山无人，水流花开”两句，道出了弹琴奏曲极其美好的境界；“胜固欣然，败亦可喜”两句，道出了下围棋时极好的心境；“帆随湘转，望衡九面”两句，道尽了水上泛舟的极妙境界；“胡然而天，胡然而帝”两句，道出了美人极其美妙的境界。

评析

“生活中并不缺少美，而是缺少发现美的眼睛。”法国雕塑艺术家罗丹曾经说过这样一句话。确实如此，在我们的生活中，其实美无处不在，只是需要我们有一颗敏感的、善于观察和联想的心，懂得细心地体察社会和自然，品味人生的酸甜苦乐。

“空山无人，水流花开”，山林空旷，四下无人，静谧异常，潺潺的流水清澈见底，娇艳的花瓣舒展开来，让人感受到一股沁人心脾的气息。

“胜固欣然，败亦可喜”道出了博弈对垒时爽朗的心境。显然，对作者而言，下棋博弈并非要一心求胜，而在于对弈过程中的感受，至于结果并不重要。

“帆随湘转，望衡九面”，船帆随着湘江的水不断翻转迂回，使人能够从多个角度来观赏衡山，尽得游赏自然山水之乐。

“胡然而天，胡然而帝”，这位女子的服饰和容貌犹如天神一样美丽，寥寥几言，虽未直言高贵、华彩，却让人印象深刻，美人之美已在眼前。

第二〇六则

原典

镜与水之影，所受者也；日与灯之影，所施者也；月之有影，则在天者为受，而在地者为施也。

原 评

郑破水曰：受、施二字，深得阴阳之理。

庞天池曰：幽梦之影，在心斋为施，在笔奴为受。

译 文

镜子和水中影子是从外界照进来的；太阳与灯的影子是它们自身散发出来的；月亮有影子，那么在天上是接受外界照耀而形成的，在地上是自身发出的。

评 析

施予和接受、舍去和获得，是人们在为人处世的过程中常常要处理和面对的。它们看似矛盾，但是如果我们能端正态度，少一些计较，多一些奉献，那么不管是施还是受，不管是舍还是得，都是一种美好的体验。

作者在这里用比喻和象征的手法给出了巧妙的解答。其中，镜子和水中的影像是一种接受和得到；太阳和灯光由于可以自己发光，所以对外是一种施予；月亮本身不发光，但它能反射太阳光，这既是一种接受也是一种施予。

因此，在生活中，施与舍是一种智慧，不要过多地计较得到的和失去的。在我们失去的同时，其实我们也会有很多意想不到的收获。这是一种平衡，所以大胆地施予和奉献吧，你所有的付出都不会没有收获。

第二〇七则

原典

水之为声有四：有瀑布声，有流泉声，有滩声，有沟浍[①]声。风之为声有三：有松涛声，有秋叶声，有波浪声。雨之为声有二：有梧叶、荷叶上声，有承檐溜竹筒中声。

原评

弟木山曰：数声之中，惟水声最为可厌，以其无已时甚聒人耳也。

注释

① 浍：田间水沟。

译 文

水制造的声音有四种：有瀑布声，有泉水声，有浪拍打海岸的声音，有田间沟渠里的水流声。风形成的声音有三种：有风吹过松林的声音，有秋叶沙沙的声音，有波浪卷起浪花的声音。雨造成的声音有两种：有雨点打在梧桐叶、荷叶上的声音，有雨水顺着房檐流在竹筒中的声音。

评 析

自然界是一所大学堂，在这里我们总能发现或遇到让我们意想不到的惊喜。只要我们仔细去观察和感受，就会发现大自然真的很奇妙。自然界中的水声、风声、雨声都可称为天籁之音，它们凝聚了天地的灵气，自然而然动人心扉。

第二〇八则

原 典

文人每好鄙薄富人，然于诗文之佳者，又往往以金玉、珠玑、锦绣誉之，则又何也？

原 评

陈鹤山曰：犹之富贵家张山臞[1]野老、落木荒村之画耳。

江含徵曰：富人嫌其悭且俗耳，非嫌其珠玉文绣也。

张竹坡曰：不文虽穷可鄙，能文虽富可敬。

陆云士曰：竹坡之言是真公道说话。

李若金曰：富人之可鄙者在吝，或不好史书，或畏交游，或趋炎热而轻忽寒士。若非然者，则富翁大有裨益之处，何可少之？

注 释

① 臞：瘦。

译 文

会写文章的读书人往往鄙视富人，然而对于那些诗文的佳作，又往往以金玉、珠玑、锦绣来赞誉它们，这又是为什么呢？

评 析

文人一般都有风骨、重节操、讲德行，对自己和他人有一套严格的衡量标准。

文人大多对富人十分鄙视。这不是因为富人拥有他们没有的财富，而是因为富人获取和占有财富的方式极为卑劣，他们大多利欲熏心、耍奸取巧、满身铜臭，且不仁不义、趾高气扬，尽是一副小人之态，为文人君子们所不耻。况且，富人自古重利轻别离，缺乏人情味。也正是因为这样，文人君子们对富人素无好感。

但是，这不妨碍他们对金玉珠玑的喜爱，所以当他们形容优秀的诗文时，往往以金玉珠玑来比喻。可见，文人君子们憎恶的不是财富，而是以不正当的渠道掠取、占有财物的富人们。

第二〇九则

原典

能闲世人之所忙者，方能忙世人之所闲。

原评

袁翔甫补评曰：闲里着忙是朦懂汉，忙里偷闲出短命相。

译文

能够搁置世人都在忙的事情，才能够去忙别人所闲置的事情。

评析

在竞争日益激烈的社会中，人们的生活节奏越来越快，时间安排得也越来越紧凑，个个疲于奔命，忙碌不堪，想要寻得一时的闲暇似乎已经成为了一种奢侈。然而，作者却认为，越是在纷繁忙碌的社会，我们越要懂得搁置世人所忙碌的，寻求自己应该忙碌的，这样才能有所成就，不至于成为庸庸碌碌、毫无建树的人。

其实，这句话看似做起来容易，实则艰难。因为人总是有太多的欲望，总是无法平心静气地去做一件对的事情，这山望着那山高。而且，有些人随大流，根本不清楚自己在忙碌什么，就那样一直忙碌着，就像一个永不停歇的陀螺。当然，这样的人也终究无法持之以恒，他们只有三分钟热情，三天打鱼两天晒网，今天忙这个，明天忙那个，虽脚步不停，但却只是在原地打转。

因此，在现代社会，我们要做的不是让自己忙起来，而是要找到自己的方向和目标，并且持之以恒。

第二一〇则

原 典

先读经[1]，后读史[2]，则论事不谬于圣贤；既读史，复读经，则观书不徒为章句。

原 评

黄交三曰：宋儒语录中不可多得之句。

陆云士曰：先儒著书法累牍连章，不若心斋数言道尽。

王宓草曰：妄论经史者，还宜退而读经。

注 释

① 经：作为典范的书。

② 史：记载历史的书。

译 文

先读经类的书籍，再读史类的书籍，这样论事时就不会有悖于圣贤的观点；已经读了史类的书籍，再去读经类的书籍，读书时就不会只局限于字面的解释。

评 析

经书和史书是古人重点阅读的两大类书，然而先读经书还是先读史书是有一番讲究的。在这里，作者给出了明确的回答。在作者看来，经书是智慧学问，是先贤思想活动、精神财富的产物，能为我们立身处世提供借鉴和指导。而史书是一种见识，历史是一面镜子，读史能够让我们对人、对事有更加深刻的理解和评价。

如果先读经书，再读史书，自己有了一定的思想标准，在看待历史事件的时候就不至于违背圣贤的观点，就不会在纷繁复杂的历史中迷失自己，以致做出错误的判断。而读了史书，再读经书，也并非全然不可。这时，对历史有了较为全面的了解，再来对圣贤的经典进行解读参悟，以实践为佐，就能够更好地领会圣贤的优秀思想，为我所用。

看来，我们在汲取古人思想的时候，就要经书、史书兼而读之，并使之融会贯通，如此，才能更好地吸取和继承人类文化的宝贵财富。

第二一一则

原 典

居城市中，当以画幅当山水，以盆景当苑囿[①]，以书籍当朋友。

原 评

周星远曰：究是心斋，偏重独乐乐。

王司直曰：心斋先生置身于画中矣。

注 释

① 苑囿：指古代畜养禽兽供帝王玩乐的园林。

译 文

居住在城市中，应当把画幅当作山水，把盆景当作畜养禽兽的园林，把书籍当作朋友。

评 析

随着城镇化的推进，越来越多的人变成了城市人，居住在城市之中，享受着城市的各种便利，但是城市在带给人们便利及高效的同时，也带来了忙碌的生活和你追我赶的快节奏。这种节奏让人们的脚步越来越匆忙，人与人之间的关系更淡漠，亲近自然的机会也越来越少。我们大部分的时间不是在路上，就是在狭小的居住地或办公室内。

所以，大多数人的生活变得越来越乏味，精神也越来越贫乏。对此，作者提出居住在城市之中应当懂得自得其乐，在条件不允许的情况下，调动个人的想象力，以山水画为山水，以盆景作园囿，把书籍当作知己。如此，足不出户便可游览名山大川，观赏园林，遍交好友。

当然，从作者的这一描述中，我们也不难品读出那个时代知识分子内心的苦闷和惆怅，这显然是作者聊以自慰而已。

第二一二则

原典

乡居须得良朋始佳，若田夫樵子，仅能辨五谷而测晴雨，久且数，未免生厌矣。而友之中，又当以能诗为第一，能谈次之，能画次之，能歌又次之，解觞政[①]者又次之。

原评

江含徵曰：说鬼话者又次之。

殷日戒曰：奔走于富贵之门者，自应以善说鬼话为第一，而诸客次之。

倪永清曰：能诗者必能说鬼话。

陆云士曰：三说递进，愈转愈妙，滑稽之雄。

注 释

① 觞政：酒令。

译 文

在乡间居住必须要有好友相伴才好，像农人和砍柴的人只能辨认五谷，预测天气阴晴云雨，时间久了，次数多了，便不免心生厌倦。在朋友之中，又应当把能够写诗的列为第一，擅长谈论的列为第二，善于绘画的列为第三，会唱歌的列为第四，能行酒令的列为第五。

评 析

人是群居动物，离群独居或多或少都会让人感到孤寂。而朋友则能够为我们的生活增添无限的精彩和乐趣。当然，要做到这一点，就要选择情投意合且具有个性特长的人成为朋友。朋友之间的相处是一门艺术。在历经时间的打磨后，友谊之树仍然常青，必然有它的维护之道。

相反，如果两个人没有共同的志趣，则早晚会心生厌烦，友情难以长久。

对此，作者给出了完美的解答。他认为在择友的时候，会作诗的朋友为首选，擅于言谈的朋友为第二选择，擅长绘画的朋友为第三选择，会唱歌的朋友为第四选择，会行酒令的朋友为第五选择。可见，对作者来说，交友很容易，但是要在以后的时间里维持好友谊就必须要有共同的志趣和爱好。所以，要找一个能够长久相处的朋友是非常不容易的。

第二一三则

原典

玉兰，花中之伯夷也（高而且洁）；葵，花中之伊尹也（倾心向日）；莲，花中之柳下惠也（污泥不染）。鹤，鸟中之伯夷也（仙品）；鸡，鸟中之伊尹也（司晨）；莺，鸟中之柳下惠也（求友）。

译文

玉兰，是花中的伯夷（高贵而且纯洁）；葵花，是花中的伊尹（一心向着太阳）；莲花，是花中的柳下惠（出淤泥而不染）。鹤，是鸟中的伯夷（神仙中的一类）；鸡，是鸟中的伊尹（主管报晓）；莺，是鸟中的柳下惠（寻求朋友）。

评析

花和鸟给这个世界增添了很多的乐趣和精彩。在这里，作者就赋予了这些花、鸟以人格和灵魂。其中，玉兰高贵纯洁，与宁肯饿死也不食周粟的伯夷十分契合；葵花向阳而生，与一心辅佐商朝的伊尹十分接近；莲花出污泥而不染，与坐怀不乱的柳下惠堪称绝配。而对于鸟而言，鹤仙风道骨，契合伯夷的冰清玉洁；公鸡司晨，恪尽职守，堪称鸟中伊尹；莺鸣求友，与知音不遇的柳下惠契合。

由此，我们看到了作者敏锐而缜密的文思，也从中窥见了作者对伯夷、伊尹和柳下惠的欣赏和认同，其中标榜的人格志趣其实也显现出了作者本人的追求。

第二一四则

原 典

无其罪而虚受恶名者，蠹鱼①也（蛀书之虫另是一种，其形如蚕蛹而差小）；有其罪而恒逃清议者，蜘蛛也。

原 评

张竹坡曰：自是老吏断狱。

李若金曰：予尝有除蛛网说，则讨之未尝无人。

注 释

① 蠹鱼：虫名，又称衣鱼、纸鱼，形如鱼，故名。

译 文

没有这种罪却白白背上恶名的，是蠹鱼（蛀书的虫是另一种，它的形状像蚕蛹，但是小一些）；犯有这种罪，但是往往能逃脱非议的，是蜘蛛。

评 析

人对事物的看法往往带有自己的主观感觉，也正是因为这样，人与人之间才因误解产生摩擦或矛盾，更有甚者，因误解给予他人不公平的待遇，致使他人蒙冤受屈。

正如作者所说，蠹鱼没有罪过，但往往会被人主观地认为是蛀书的罪魁祸首，蜘蛛虽然有罪可却常常因为其罪不为人察而逃脱非议。

这其实是生活中再平常不过的事情，由于人们认识的局限性，不被理解抑或是被误解的事在所难免。不过，相信所有的误解都会在时间的考验下得以证明，所有因此而带来的不公平都会得到一个公平、公正的评判。

第二一五则

原 典

臭腐化为神奇[1]，酱也、腐乳也、金汁[2]也；至神奇化为臭腐，则是物皆然。

原 评

袁中江曰：神奇不化臭腐者，黄金也、真诗文也。

王司直曰：曹操、王安石文字，亦是神奇出于臭腐。

注 释

① 臭腐化为神奇：腐败臭恶的转化为神奇美好的。见庄周《庄子·知北游》：“万物一也，是其所美者为神奇，其所恶者为臭腐；臭腐复化为神奇，神奇复化为臭腐，故曰通天下一气耳。”

② 金汁：粪汁。

译 文

由臭腐化为神奇的东西，有酱、豆腐乳、粪汁；至于由神奇化为臭腐，所有的东西都是这样。

评 析

一件事情或是一个人向坏的或是恶的方向转化很容易，但向好的或是良性的方向发展则十分困难。尤其是人，更是如此。因为，由好变坏就在一念之间，而由坏变好则需要一个十分艰难的过程，需要坚定的毅力，若是稍有放纵则可能会功亏一篑。

正所谓“人如净水，变黑易，化净难”。所以我们在生活中一定要注意严格要求和约束自己，千万不能随意放纵自己，很可能一次的放纵就把自己引入了深渊，而再想回头却是千难万难。

第二一六则

原 典

黑与白交，黑能污白，白不能掩黑；香与臭混，臭能胜香，香不能敌臭。此君子小人相攻之大势也。

原 评

弟木山曰：人必喜白而恶黑，黜臭而取香，此又君子必胜小人之理也。理在，又乌论乎势。

石天外曰：余尝言：于黑处着一些白，人必惊心骇目，皆知黑处有白；于白处着一些黑，人亦必惊心骇目，以为白处有黑。甚矣，君子之易于形短，小人之易于见长，此不虞之誉、求全之毁所由来也。读此慨然。

倪永清曰：当今以臭攻臭者不少。

译 文

黑与白相交，黑色能玷污白色，白色却不能掩饰住黑色；香和臭相混，臭味能胜过香味，香味却不能将臭味覆盖住。这就是君子和小人相互攻击的发展趋势。

评 析

我们常常会发现，在君子与小人的争斗中，小人大都会占据上风。关于这点，中国近代著名政治家曾国藩也曾谈及，“君子与小人斗，小人必胜。在君子惟有守正以俟命而已。固不可惧祸而误入小人之党，亦不可恃为君子而有与小人角胜之心。”在君子与小人的争斗中，君子居心平正胸怀坦荡，为人处世光明磊落、不拘小节，而小人则卑鄙奸诈、自私自利、不讲德行，常常是为达目的不择手段。所以，在君子与小人的斗争中，君子常常处于下风，小人则占据上风。

对此，作者用黑与白相交、香与臭相混来比喻君子与小人的关系。不过，历史的经验告诉我们，小人虽然一时占得上风，但正义终将战胜邪恶，占理的君子必将战胜小人，正所谓“得道多助，失道寡助”。而由此，也使我们深深地感受到，近君子而远小人的重要性。

第二一七则

原 典

耻之一字，所以治君子；痛[1]之一字，所以治小人。

原 评

张竹坡曰：若使君子以耻治小人，则有耻且格[2]；小人以痛报君子，则尽忠报国。

注 释

① 痛：指痛罚。

② 有耻且格：指人有知耻之心，则能自我检点而归于正道。见先秦孔子《论语·为政》：“道之以德，齐之以礼，有耻且格。”

译 文

一个耻字，是用来制约君子的；一个痛字，是用来惩治小人的。

评 析

羞耻心是约束人们行为的一种重要准绳，它能够让我们自觉抵制一些不良的诱惑，自觉管束自己的欲望和行为。正如儒学集大成者朱熹在《朱子语类》中说的那样：“人有耻，则能有所不为。”也就是说，一个人有了羞耻心，就能不去做那些不该做的事情，就能够在贫富、得失、义利之间有所取舍，而不会任凭物欲驱遣。

而这点对君子而言，尤其如是。君子有德行，身负正义，修身立命，注重名誉。他们洁身自好，严以律己，对美丑善恶有清晰的标准和界定，有道德的底线。而且，他们不降志、不辱身、重视操守，日省其身，完善自我，力求能够清名一生。因此，“耻”是用来约束君子的最佳方式。

但小人没有君子的德行操守，他们放纵欲望，为一己之私无所不为，甚至于奴颜婢膝，颠倒黑白，重伤友朋，视廉耻为草芥。显然，羞耻心对他们来说毫无用处。他们虽无羞耻之心，但却必然遭受不了痛楚，一旦遭受痛苦，他们就会原形毕露，显现出小人的本性。因此，制约小人就要用“痛”予以强烈打击。

可见，用羞耻心去约束人们的行为，效果是有限的。

第二一八则

原 典

镜不能自照，衡[①]不能自权，剑不能自击。

原 评

倪永清曰：诗不能自传，文不能自誉。

庞天池曰：美不能自见，恶不能自掩。

注 释

① 衡：秤杆，泛指秤。

译 文

镜子不能自己照见自己，秤不能自己称量自己，宝剑不能自己刺击自己。

评 析

俗话说："金无足赤，人无完人。"任何事物其实都是有缺憾、受局限的，都不可能完美无缺、尽善尽美。每件东西有它突出的地方，就必然有它薄弱的地方。"尺有所短，寸有所长"说的就是这个意思。

正如，镜子可以照人照物，能够让镜中的事物仔细地审视自己，彰显优缺，却无法照见自己；秤能够称出物体的重量，却无法为自己称量；宝剑削铁如泥，锋利无比，能杀敌千里，却也无法伤害到自己。

"当局者迷，旁观者清"，我们能够十分清楚明了地看到别人的优缺点，却无法清楚客观地认识、评价自己，从而使得自己在不知不觉中犯下了很多的错误。所以，作者告诉我们，在生活中，为了克服我们自身的局限，就要以人为镜，虚心听取他人的建议或批评，逐渐完善自我。

第二一九则

原典

古人云：诗必穷而后工①。盖穷则语多感慨，易于见长耳。若富贵中人，既不可忧贫叹贱，所谈者不过风云月露而已，诗安得佳？苟思所变，计惟有出游一法。即以所见之山川风土、物产人情，或当疮痍兵燹②之余，或值旱涝灾祲③之后，无一不可寓之诗中。借他人之穷愁，以供我之咏叹，则诗亦不必待穷而后工也。

原评

张竹坡曰：所以郑监门《流民图》独步千古。

倪永清曰：得意之游，不暇作诗；失意之游，不能作诗。苟能以无意游之，则眼光识力定是不同。

尤悔庵曰：世之穷者多而工诗者少，诗亦不任受过也。

注释

① 诗必穷而后工：见宋·欧阳修《梅圣俞诗集序》："盖愈穷则愈工。然则非诗之能穷人，殆穷者而后工也。"

② 兵燹：因战乱而遭受的焚烧、破坏等。

③ 灾祲：犹灾异，指灾害不祥之兆。鲁迅《花边文学·法会和歌剧》："《时轮金刚法会募捐缘起》中有这样的句子：'古人一遇灾祲，上者罪己，下者修身。'"

译 文

古人说：诗必定要在诗人经历过穷困潦倒之后才能写得好。这大概是说经历穷困后诗句中才能饱含慷慨之词，容易表达出真实动人的感情。像是在富贵中成长的人，既然不能忧愁贫困，为贫贱而慨叹，所谈论的不过是风云月露罢了，诗怎么能够写得好呢？如果想有所改变，就只有外出游历这一个办法了。自己游历过程中所有看见的山川、风土、物产、人情，或者战火之后的满目疮痍，或者遇上旱涝灾害之后的悲惨景象，没有一样东西不可以写入诗中的。这是借助他人的穷苦忧愁，为自己提供歌咏吟唱的情思，如此一来，就不用等到经历穷苦忧愁之后才写出精妙的诗文了。

评 析

“诗必穷而后工”，这是中国古代文论中一个十分重要且影响深远的命题。它的意思是说，只有穷困潦倒的人或是经历了贫困窘迫之后的诗人才能够写出完美的诗文来，而支持这种观点的实例确实也不在少数。

比如，被人们誉为“诗圣”的杜甫，由于一生颠沛流离、历经磨难，写出了“朱门酒肉臭，路有冻死骨”的千古名句；如若没有生活上的不幸遭遇，宋代女词人李清照也难以写出那委婉凄冷的“寻寻觅觅，冷冷清清，凄凄惨惨戚戚”；正是因为仕途的坎坷，几经磨难，才让苏轼有了对人生的深切体悟，写出了许多传颂至今的名言佳句；清代作家曹雪芹经历了家庭的显贵和后来的落败，才写出了旷世奇书《红楼梦》。

除了生活的经历之外，作者还提出了外出游历成就诗文的途径。要写出好诗文也并非一定要陷入窘迫的境地，广泛的游历亦可以增长见闻、提高观察力、丰富人生体验，即所谓“读万卷书，行万里路”！

跋　一

昔人云："梅花之影，妙于梅花。"窃意影子何能妙于花？惟花妙，则影亦妙。枝干扶疏，自尔天然生动。凡一切文字语言，总是才人影子。人妙，则影自妙。此册一行一句，非名言即韵语，皆从胸次[1]体验而出，故能发人警省。片玉碎金，俱可宝贵。幽人梦境，读者勿作影响观可矣。

南村张惣识

注释

① 胸次：胸间，亦指胸怀。

译文

前人说："梅花的影子比梅花本身更为高妙。"我想影子怎么能比花本身更为高妙呢？花本身高妙，它的影子也就高妙。梅花枝干错落有致，才会自然而然地姿态生动。一切的文字语言，都是才子本人思想的影子。人本身高妙，他的影子自然就高妙。这本书一行一句，不是名言就是诗意的话，都是作者发自肺腑，因此能发人深省。一言一句就如细碎的金玉，都是值得人珍藏的。使人梦境清幽，读者不要只是把它当作影子、回声来看，才不失此书的本旨。

南村张惣记

跋　二

抱异疾者多奇梦，梦所未到之境，梦所未见之事。以心为君主之官，邪[1]干之，故如此；此则病也，非梦也。至若梦木撑天、梦河无水，则休咎应之；梦牛尾、梦蕉鹿[2]，则得失应之；此则梦也，非病也。

心斋之《幽梦影》，非病也，非梦也，影也。影者惟何？石火之一敲、电光之一瞥也，东坡所谓“一掉头时生老病，一弹指顷去来今”也。昔人云“芥子具须弥[3]”，心斋则于倏忽备古今也。此因其心闲手闲，故弄墨如此之闲适也。心斋岂长于勘梦者也！然而未可向痴人说也。

寓东淘江之兰跋

注　释

① 邪：中医学上认为一切致病因素为邪，如风寒暑湿之气。

② 蕉鹿：《列子·周穆王》：“郑人有薪于野者，遇骇鹿，

御而击之，毙之。恐人见之也，遽而藏诸隍中，覆之以蕉，不胜其喜。俄而遗其所藏之处，遂以为梦焉。”蕉，通“樵”。后以“蕉鹿”指梦幻。

③ 芥子具须弥：《维摩经·不可思议品》：“若菩萨住是解脱者，以须弥之高广，内芥子中，无所增减，须弥山王本相如故。”后以“芥子须弥”喻诸相皆非真，巨细可以相容。

译文

得了怪病的人多有奇怪的梦，梦到没有到过的地方，梦到没有见过的事。以心为人体的主导器官，如果邪气干扰侵犯，就会出现这种情况；这是得了病，并非是梦。至于说梦到木头撑天，河中无水，就会有吉凶善恶的征兆应验；梦见牛尾巴，梦到以蕉叶覆盖藏匿的死鹿的事，就会有得失的事应验；这就是梦，而不是生病的幻觉。

心斋的《幽梦影》，不是生病时的幻觉，也不是梦境，而是思想一瞬间的影像。这种“影”是什么呢？它是燧石敲击的火星、闪电的一瞬，是苏轼说的“一掉头时生老病，一弹指顷去来今”。前人说“一个芥子里包含了须弥山”，心斋的这本书在须臾之间的感悟中包含了古今的道理。这是因为他心里闲适，手中闲逸，因此写文章才这样闲适。心斋难道是擅长解梦的人嘛！然而这样的话是不可以对愚昧的人讲的。

寓东淘江之兰跋

跋 三

昔人著书，间附评语。若以评语参错书中，则《幽梦影》创格[1]也。清言隽旨，前于后喁，令读者如入真长[2]座中，与诸客周旋，聆其謦欬，不禁色舞眉飞，洵[3]翰墨中奇观也。书名曰“梦”曰“影”，盖取“六如[4]”之义。饶广长舌，散天女花，心灯[5]意蕊，一印印空，可以悟矣！

乙未夏日震泽杨复吉识

注 释

① 创格：新的风格或法式。

② 真长：即刘惔。字真长，东晋沛国相人，刘耽子，明帝婿，谢安妻舅。少有名，雅善清谈。性简贵，与王羲之友善。好老庄，放任自适，有知人之明。孙绰诔之曰“居官无官官之事，处事无事事之心”，时人以为名言。

③ 洵：诚然；实在。

④ 六如：也称六喻。佛教以梦、幻、泡、影、露、电，喻世事之空幻无常。

⑤ 心灯：佛教语，犹心灵，谓神思明亮如灯，故称。

译 文

前人著书，间或附着评语。如果是以评语相集成书，那么《幽梦影》是开创了体例。它清丽的文辞，隽永的思考，前后的感叹，

让读者好像进入了刘惔家的座席间，与各位宾客清谈周旋，聆听他们高雅的谈吐，不禁眉飞色舞，真是文章中的奇特景观。书名有“梦”“影”，大概是取自佛家所说的“如梦幻泡影，如露亦如电”的旨意。如佛陀的广长舌，能言善辩，如天女散花般，心思敏捷，彼此印证，让人觉悟！

乙未夏日震泽杨复吉记